国家计量技术法规统一宣贯教材

JJF 1033—2016
《计量标准考核规范》
实施指南

全国法制计量管理计量技术委员会　组织编写
国家质量监督检验检疫总局计量司　组织审定

中国质检出版社
北　京

图书在版编目(CIP)数据

JJF 1033—2016《计量标准考核规范》实施指南：国家计量技术法规统一宣贯教材/全国法制计量管理计量技术委员会组编. —北京：中国质检出版社，2017.1
ISBN 978-7-5026-4397-3

Ⅰ.①J… Ⅱ.①全… Ⅲ.①计量—标准—考核—规范—中国—指南 Ⅳ.①TB 9-65

中国版本图书馆 CIP 数据核字(2016)第 324802 号

内容提要

本书是国家计量技术规范 JJF 1033—2016《计量标准考核规范》的统一宣贯教材，由全国法制计量管理计量技术委员会组织编写，规范起草工作组执笔，国家质量监督检验检疫总局计量司组织审定。

本书先介绍了计量标准考核和《计量标准考核规范》制修订的概况，第二章按照计量标准的考核要求，分别阐述各条款的理解要点；第三章按照《中华人民共国行政许可法》的要求，详细说明计量标准考核的程序；第四章介绍计量标准的考评；第五章阐述计量标准考核的后续监管要求；第六章介绍计量标准考核用表用证的填写与使用说明；第七章详细说明检定或校准结果的重复性等计量标准考核中的有关技术问题；第八章阐述建标单位应当如何建立、使用、保存和维护计量标准；书后还附有与计量标准考核有关的法律法规、计量标准考核行政许可用表参考格式以及 JJF 1033—2016《计量标准考核规范》的附录部分。

本书可供各级人民政府计量行政部门的管理人员、计量标准考评员、计量技术机构和企事业单位从事计量检定或校准的技术人员以及计量管理人员使用。

中国质检出版社出版发行
北京市朝阳区和平里西街甲 2 号(100029)
北京市西城区三里河北街 16 号(100045)
网址：www.spc.net.cn
总编室：(010)68533533 发行中心：(010)51780238
读者服务部：(010)68523946
中国标准出版社秦皇岛印刷厂印刷
各地新华书店经销
*
开本 880×1230 1/16 印张 15.5 字数 370 千字
2017 年 1 月第一版 2017 年 1 月第一次印刷
*
定价 68.00 元

前　言

计量标准处于量值传递(溯源)体系的中间环节,对于保障国家计量单位制的统一和量值传递的一致性、准确性起着十分重要的作用。计量标准考核是《中华人民共和国计量法》赋予人民政府计量行政部门的一项重要工作。自1985年《中华人民共和国计量法》颁布实施以来,国家制定了一系列有关计量标准考核管理的法规、规章和规范性文件,县级以上人民政府计量行政部门成立了考核工作机构,建立了一支高素质的计量标准考评员队伍,按照计量法律法规的要求对社会公用计量标准、部门和企事业单位最高计量标准实施了考核,计量标准考核工作步入了规范化和法制化管理的轨道。

《中华人民共国行政许可法》的颁布、国家质量监督检验检疫总局《计量标准考核办法》的发布,以及我国市场经济的不断发展,都对计量标准考核工作提出了新的要求;另一方面,国际法制计量组织(OIML)也对计量标准的批准、使用、保存、文件集及管理等提出了许多新的要求。为了适应发展的需要和进一步提升计量标准考核的质量和管理水平,国家质量监督检验检疫总局组织专家对JJF 1033—2008《计量标准考核规范》作了进一步的修改、补充和完善。修订后的JJF 1033—2016《计量标准考核规范》已于2016年11月30日由国家质量监督检验检疫总局正式批准发布,并将于2017年5月30日起实施。

为了做好新规范的宣贯和实施工作,受国家质量监督检验检疫总局计量司的委托,规范起草工作组编写了这本实施指南,以帮助大家理解和掌握JJF 1033—2016《计量标准考核规范》的内容。全书共分八章,第一章阐述计量标准考核的概况,说明《计量标准考核规范》的修订背景、新版本的主要变化、适用范围及引用文件,介绍计量标准考核的原则及术语与定义;第二章按照计量标准的考核要求,分别阐述各条款的理解要点;第三章按照《中华人民共国行政许可法》的要求,详细说明计量标准考核的程序,包括计量标准考核的申请、受理、组织与实施以及审批;第四章介绍计量标准的考评,包括考评方法、书面审查、现场考评、整改要求以及考评结果的处理,对考评工作具有实际的指导作用;第五章阐述计量标准考核的后续监管要求,对计量标准的更换、封存和撤销、恢复使用及技术监督等后续监管做了说明;第六章为计量标准考核用表用证的填写与使用说明;第七章详细说明检定或校准结果的重复性、计量标准的稳定性及测量不确定度评定等计量标准考核中的有关技术问题;第八章阐述建标单位应当如何建立、考核、使用、保存和维护计量标准。书后还附有与计量标准考核有关的法律法规、计量标准考核行政许可用表参考格式以及JJF 1033—2016《计量标准考核规范》的附录部分。

本书在编写过程中得到了陈红、于秀英、李素琴等同志的大力支持,在此谨表谢意。

由于编写时间仓促,编者水平有限,书中疏漏和错误之处在所难免,敬请指正。

规范起草工作组

2016年12月12日

目　　录

第一章 概 述

第一节 计量标准考核的概况

一、计量标准考核的必要性

计量标准是准确度低于计量基准，用于检定或校准其他计量标准或者工作计量器具的计量器具。由于它处于量值传递（溯源）体系的中间环节，起着承上启下的作用，因此计量标准的量值一旦失准，它所传递的其他计量标准或工作计量器具的量值都将失准，其结果会直接影响到生产、科研、贸易和民生等各个方面，甚至可能影响到全国量值的一致性和国家量值传递（溯源）体系的安全，影响到国民经济和社会秩序的正常运行。

为了保障国家计量单位制的统一和量值传递的一致性、准确性，为国民经济发展以及计量监督管理提供公正、准确的检定、校准数据或结果，国家对一些重要的计量标准实行考核制度，并纳入行政许可的管理范畴。

计量标准考核是国家主管部门对计量标准测量能力的评定和利用该标准开展量值传递资格的确认。被考核的计量标准不仅要满足相应的技术要求，还必须满足国家法制管理的有关要求。计量标准考核既是计量监督的一项基本内容，也是实施《中华人民共和国计量法》和保障全国量值一致的重要技术基础。

二、计量标准考核的依据

（一）计量标准考核的法律法规依据

(1)《中华人民共和国计量法》（全国人大通过，国家主席令 28 号，1985 年 9 月 6 日发布，1986 年 7 月 1 日起实施）第六条、第七条、第八条及第九条。

“**第六条** 县级以上地方人民政府计量行政部门根据本地区的需要，建立社会公用计量标准器具，经上级人民政府计量行政部门主持考核合格后使用。

“**第七条** 国务院有关主管部门和省、自治区、直辖市人民政府有关主管部门，根据本部门的特殊需要，可以建立本部门使用的计量标准器具，其各项最高计量标准器具经同级人民政府计量行政部门主持考核合格后使用。

“**第八条** 企业、事业单位根据需要，可以建立本单位使用的计量标准器具，其各项最高计量标准器具经有关人民政府计量行政部门主持考核合格后使用。

“**第九条** 县级以上人民政府计量行政部门对社会公用计量标准器具，部门和企业、事业单位使用的最高计量标准器具，以及用于贸易结算、安全防护、医疗卫生、环境监测方面的列入强制检定目录的工作计量器具，实行强制检定。未按照规定申请检定或者检定不合格的，不得使用。实行强制检定的工作计量器具的目录和管理办法，由国务院制定。

“对前款规定以外的其他计量标准器具和工作计量器具，使用单位应当自行定期检定或者送其他计量检定机构检定，县级以上人民政府计量行政部门应当进行监督检查。”

(2)《中华人民共和国计量法实施细则》(国务院 1987 年 1 月 19 日批准，1987 年 2 月 1 日起实施)第七条、第八条、第九条及第十条。

“**第七条** 计量标准器具(简称计量标准，下同)的使用，必须具备下列条件：

(一)经计量检定合格；

(二)具有正常工作所需的环境条件；

(三)具有称职的保存、维护、使用人员；

(四)具有完善的管理制度。

“**第八条** 社会公用计量标准对社会上实施计量监督具有公证作用。县级以上地方人民政府计量行政部门建立的本行政区域内最高等级的社会公用计量标准，须向上一级人民政府计量行政部门申请考核；其他等级的，由当地人民政府计量行政部门主持考核。

经考核符合本细则第七条规定条件并取得考核合格证的，由当地县级以上人民政府计量行政部门审批颁发社会公用计量标准证书后，方可使用。

“**第九条** 国务院有关主管部门和省、自治区、直辖市人民政府有关主管部门建立的本部门各项最高计量标准，经同级人民政府计量行政部门考核，符合本细则第七条规定条件并取得考核合格证的，由有关主管部门批准使用。

“**第十条** 企业、事业单位建立本单位各项最高计量标准，须向与其主管部门同级的人民政府计量行政部门申请考核。乡镇企业向当地县级人民政府计量行政部门申请考核。经考核符合本细则第七条规定条件并取得考核合格证的，企业、事业单位方可使用，并向其主管部门备案。”

(3)《计量标准考核办法》(国家质量监督检验检疫总局令第 72 号，2005 年 1 月 14 日发布，2005 年 7 月 1 日起实施，共二十四条)。

(二)计量标准考核的技术依据

(1)国家计量技术规范 JJF 1033—2016《计量标准考核规范》。

(2)相应的国家计量检定系统表。

(3)相应的计量检定规程或计量技术规范。

三、我国计量标准考核的基本情况

计量标准是将各项计量基准的量值传递到国民经济和社会生活各个领域的纽带，也是确保量值传递和量值溯源，实现全国计量单位制的统一和量值准确可靠的必不可少的物质基础和重要保障措施。为了保障全国计量单位制的统一和量值传递(溯源)的准确可靠，为了使各项计量标准处于良好的技术状态并保证其溯源性和具有相应的测量能力，国家质量监督检验检疫总局近年来加强了对计量标准考核的管理，通过规范考核标准、完善考核要求，提高考评员考评水平和加强监督等措施，逐步提升计量标准考核的质量和管理水平。截至 2015 年年底，我国经各级人民政府计量行政部门考核合格的社会公用计量标准 46944 项，部门、企事业单位最高计量标准 48625 项；具有考评资格的国家计量标准考评员 5430 人，其中一级考评员 626 人，二级考评员 4804 人。

四、国际上对计量标准管理的情况

1875年《米制公约》的签订和国际计量大会及国际计量局的建立，为全世界统一计量制度打下了基础。随着世界经济和国际贸易的发展，各国计量基准的统一不能充分消除所有与计量有关的国际贸易壁垒。特别是对测量仪器的性能要求、仪器的检定及溯源到国家基准的方法等问题，也需要国际协调。为了促进世界各国对于法制计量要求的协调一致，1955年按照《国际法制计量组织公约》的内容约定，成立了《国际法制计量组织(OIML)》，其最高权力机构为国际法制计量大会(CGML)，执行机构为国际法制计量委员会(CIML)，常设机构为国际法制计量局(BIML)，负责日常工作。我国于1985年4月加入该组织，成为该组织的成员国。OIML为各成员国提供各种法制计量的导则，对有关测量仪器在使用和制造方面的要求以及相关管理提供法规范本。CIML领导下的各技术委员会(TC)及其分委员会(SC)是负责起草国际建议(测量仪器技术法规)和国际文件(法制计量工作的指导性文件)的工作机构。国际文件(International Document)是帮助各国改善法制计量工作的指导性文件，对各成员国计量管理工作具有原则性指导意义，以促进各成员国与计量有关的国家技术法规的协调一致，从而会对各成员国之间在建立、组织或扩建计量业务方面的相互合作有所贡献，至今，OIML已发布了27个国际文件。

国际法制计量组织(OIML)在其发布的国际文件OIML D1，*Elements for a Law on Metrology*即《计量法要素》中对国家计量体系、法制计量、国家计量标准体系及溯源性等做出了规定。2004年国际法制计量组织(OIML)发布了国际文件OIML D 8:2004 *Measurement standards. choice, recognition, use, conservation and documentation* 即《计量标准的选择、批准、使用、保存及文件集》。该文件由OIML技术委员会TC4起草，规定了法制计量领域使用的计量标准的选择、批准、使用和保存的通用要求，以及制定计量标准文件集的基本准则。它代替1983年版的OIML D6《计量标准和校准装置的文件集》和1984年版的OIML D8《计量标准器的选择、批准、使用及保存原则》。

世界上许多国家都将计量标准纳入法制计量管理的范畴。为了消除阻碍世界经济贸易发展的技术贸易壁垒，世界上许多国家签订了计量标准相互承认协定(MRA, Mutual Recognition Arrangement)，以实现计量标准的国际等效性。1999年，经原国家质量技术监督局授权，中国计量科学研究院代表我国在国际计量局(BIPM)签署了该协议，实现国家计量基标准的国际等效以及我国校准/测量结果获得国际互认，为我国经济、贸易、社会和科学技术的发展提供有力的支撑。

第二节 计量标准考核规范的修订说明

一、修订背景

JJF 1033—2008《计量标准考核规范》于2008年1月31日发布，2008年9月1日开始实施。该规范明确了计量标准的考核要求、考核程序、考评方法以及后续监管等有关内容，对规范和指导我国计量标准考核和管理工作发挥了十分重要的作用。原规范开始施行至今已有 8 年了，在这 8 年里，随着国家经济建设的发展，科学技术的进步，行政管理体制的改革，原规范中的一些规定在考核实践中，也显现出其不尽完善的地方。出现的主要问题为：一是计量标准考核的一些技术问题需要进一步明确，如原规范中计量标准的重复性定义，计量标准的重复性试验方法、计量标准的稳定性考核方法以及不确定度的验证方法等。二是与新发布的计量基础性技术规范的表述不完全一致。近几年来，国家质量监督检验检疫总局对计量的一些基础性技术规范进行了修订，重新发布了 JJF 1001—2011《通用计量术语及定义》、JJF 1059.1—2012《测量不确定度评定与表示》、JJF 1059.2—2012《用蒙特卡洛法评定测量不确定度》等，原规范与这些新的基础性技术规范在计量名词术语、不确定度评定等方面不完全一致。三是需要与近几年发布的计量标准考核有关规章同步，如国家质量监督检验检疫总局已经发布了两批《简化考核的计量标准目录》等。为了解决这些问题，不断完善计量标准的考核规定，提高考核工作的有效性，适应新形势发展的需要，有必要对原规范进行修订，修改、补充和完善相关内容。

二、修订原则和指导思想

此次修订的基本原则是保持 JJF 1033—2008 的框架、格式不变，通过调整补充相关内容，使计量标准的考核要求、考核程序以及考评方法等更加科学、合理，以进一步提高计量标准考核规范的操作性，实现提升计量标准考核工作的有效性的目标。

新规范的全部内容符合《中华人民共和国计量法》及相关法律法规的规定，技术方面与国际建议、国际文件以及我国现行的计量技术规范内容兼容。新规范将会与现行法律法规共同发挥促进计量标准考核工作质量的提升、保证全国量值准确一致的作用。

三、新版本的主要变化

新版规范与 2008 年版相比较，主要有以下变化：

(1)在范围中增加“适用于计量标准的建立”，为建标单位加强自身计量标准管理提供依据。

(2)在术语中新增“仪器的测量不确定度”“计量标准的测量范围”“测量精密度”等三个术语，并对其他术语按照 JJF 1001—2011《通用计量术语及定义》进行了完善和补充。

(3)完善了计量标准的考核要求，使其更加科学合理。计量标准的考核要求是判定计量标准是否考核合格的依据，计量标准的考核要求包括计量标准器及配套设备、计量标准的主要计量特性、环境条件及设施、人员、文件集及计量标准测量能力的确认等 6 方面的内容。在人员方面，对检定或校准人员的能力要求进行了修订。由于 2016 年 6 月国务院取消了计量检定员资格许可，所以本次修订不再要求检定或校准人员应当持有计量检定员证，而是要求检定或校准人员应当具有相应能力，满足计量检定或校准工作的需要，检定或校准人员是否需要取得相应资格按照有关计量法律法规的规定执行。

(4)用“检定或校准结果的重复性”代替了原规范的“计量标准的重复性”，进一步明确了检定或校准结果的重复性试验方法和判定要求。

(5)对计量标准稳定性考核要求进行了修订。将计量标准的稳定性考核方法归纳为“采用核查标准进行考核”“采用高等级的计量标准进行考核”“采用控制图法进行考核”“采用计量检定规程或计量技术规范规定的方法进行考核”“采用计量标准器的稳定性考核结果进行考核”等

5种，细化不同情况下的计量标准的稳定性考核方法和判定要求。

(6)对不确定度评定与表示进行了修订。明确了计量标准考核中的测量不确定度的评定与表示应当依据 JJF 1059.1—2012《测量不确定度评定与表示》。对于某些计量标准，如果需要，也可采用 JJF 1059.2—2012《用蒙特卡洛法评定测量不确定度》。并按照 JJF 1059.1—2012 要求，对规范涉及“测量不确定度”的有关内容进行了修订。对“检定或校准结果的不确定度评定”要求在计量检定规程或计量技术规范规定的条件下，用该计量标准对各种常规的被检定或被校准对象进行检定或校准时所得结果的不确定度进行评定，必要时，可以形成独立的《检定或校准结果的不确定度评定报告》。

(7)在文件集中明确了《检定或校准结果的不确定度评定报告》《计量比对报告》等技术资料可以作为计量标准具有相应测量能力的证明文件，将《计量标准的重复性试验记录》调整为《检定或校准结果的重复性试验记录》；对《计量标准技术报告》的要求进行了细化，使其更具有操作性。

(8)根据近年来在计量标准考核实践中积累的经验，对计量标准的考评方法和计量标准考核的后续监管进行了完善。主要涉及的内容有：

① 删除了“已经连续两次采用了书面审查方式进行复查考核的，应当安排现场考评”等内容，只要考评员书面审查就能完成考评，可以不必到现场考评，这样大大降低了考核成本；

② 对于仅用于开展计量检定，并列入《简化考核的计量标准项目目录》中的计量标准，其“检定结果的验证”增加为免于考评项目，从而将简化考评项目增加到4个，即稳定性考核、检定结果的重复性试验、检定结果的测量不确定度评定以及检定结果的验证，突显计量标准考核的务实特性；

③ 对于环境条件及设施发生重大变化的计量标准，增加了建标单位“应当填写《计量标准环境条件及设施发生重大变化自查表》，并向主持考核的人民政府计量行政部门报告，提供‘计量标准环境条件及设施发生重大变化自查一览表’”；对于主要计量特性发生重大变化的计量标准，建标单位“应当及时向主持考核的人民政府计量行政部门申请复查考核，期间应当暂时停业开展检定或标准工作。”

(9)在附录中增加了《〈计量标准环境条件及设施发生重大变化自查表〉格式》《简化考核的计量标准项目目录》；将原来的《计量标准考评表》和《计量标准整改工作单》纳入《计量标准考核报告》中；修改了有关表格表述。在附录C中增加了“现场实验结果的评价”，方便考评员对操作人员现场实验结果的判断；减少了“测量过程的统计控制——控制图”的描述。控制图尽管是考核计量标准稳定性的一种较好的方法，但是在近8年的计量标准考核实践中，采用该方法的项目比较少，所以附录C删除了建立控制图的方法和控制图异常的判断准则，如果需要采用控制图，可参见 GB/T 4091—2001 idt ISO 8258:1991《常规控制图》。

(10)为了便于对规范的理解和使用，在部分条款前增加了标题，修改了部分文字描述。

四、历次修订的情况

《计量标准考核规范》于1992年首次发布实施，2001年第一次修订；2008年第二次修订；2016年第三次修订。历次制、修订的基本情况如下：

1. 首次制定，形成 JJF 1033—1992

1985 年 9 月 6 日第六届全国人民代表大会常务委员会第十二次会议通过了《中华人民共和国计量法》，该法 1986 年 7 月 1 日实施以后，原国家计量局在全国开始组织实施计量标准考核工作，制定了一系列计量标准考核与管理的法规、规章及规范性文件。根据计量法的有关规定，县级以上人民政府计量行政部门成立了考核工作机构，着手建立考评专家队伍，并依法对社会公用计量标准、部门和企事业单位的最高等级的计量标准从计量标准器的配备、检定人员能力、环境条件要求、规章制度制定等几个方面实施了考核，确保这些计量标准具有开展量值传递的相应的测量能力和资格，促进了计量检定活动的有序进行，保障了全国量值的统一和计量检定数据的准确、可靠。在多年的计量标准考核工作经验积累的基础上，1992 年原国家技术监督局计量司组织起草了 JJF 1033—1992《计量标准考核规范》，明确了以计量标准器及配套设备、环境条件、检定人员、规章制度等四个方面十四项内容为考核要求，取消了计量标准考核的量化评分的考核方法，采用了通过和不通过的评定方式，推行考评员考评制度，将计量标准的考核工作进一步规范化。JJF 1033—1992《计量标准考核规范》于 1992 年 6 月 18 日正式发布，1993 年 5 月 1 日起实施。

2. 第一次修订，形成 JJF 1033—2001

随着法制计量管理要求的提高和计量技术的进步，2001 年原国家质量技术监督局组织对 JJF 1033—1992《计量标准考核规范》进行了修订。JJF 1033—2001《计量标准考核规范》将计量标准的考核内容分为 5 个方面 44 项要求，明确了计量标准考核的申请、申请资料的审查、组织和实施、内容和评审、复查、监督等有关内容。JJF 1033—2001《计量标准考核规范》于 2001 年 3 月 2 日正式发布，2001 年 6 月 1 日起实施。

3. 第二次修订，形成 JJF 1033—2008

2004 年 7 月 1 日《中华人民共国行政许可法》颁布实施；2005 年国家质量监督检验检疫总局重新修订发布了《计量标准考核办法》；2004 年国际法制计量组织（OIML）修订了国际文件 D8，对计量标准的批准、使用、保存、文件集、管理等也提出了新的要求。为了进一步提升计量标准考核的质量和管理水平，满足上述法律法规和国际文件的要求，对 JJF 1033—2001《计量标准考核规范》进行了修改、补充和完善。修订后的 JJF 1033—2008《计量标准考核规范》，将计量标准的考核要求调整为 6 个方面 30 项内容，进一步明确了计量标准的考核要求、考核程序、考评方法以及考核后的监督管理。JJF 1033—2008《计量标准考核规范》于 2008 年 1 月 31 日正式发布，2008 年 9 月 1 日起实施。

4. 第三次修订，形成 JJF 1033—2016

为了进一步明确计量标准考核的技术问题，确保与新发布的计量基础性技术规范的表述一致，与近几年发布的计量标准考核有关规章同步。2014 年起草小组开始对 JJF 1033—2008《计量标准考核规范》进行修订。起草小组对当前计量标准考核及管理工作中出现和存在的有关问题进行了充分的调研，通过召开研讨会、深入基层等方式，听取企业、部门、地方计量行政主管部门以及各级计量技术机构的意见和建议，提出修订工作需要解决的具体技术和管理问题，确定修订的基本原则。JJF 1033—2016《计量标准考核规范》进一步完善了计量标准的考核要求，突出技术考核重点，注重可操作性和实用性。JJF 1033—2016《计量标准考核规范》于 2016 年

11月30日正式发布，2017年5月30日起实施。

第三节　计量标准考核的原则

一、执行考核规范的原则

计量标准考核工作执行JJF 1033—2016《计量标准考核规范》（以下简称《考核规范》）。

二、逐项考评的原则

每一项计量标准都应当按照《考核规范》规定的考核内容和要求进行考评。

三、专家考评的原则

计量标准考核实行考评员考评制度，考评员须经国家或省级人民政府计量行政部门组织考核合格，取得计量标准考评员证。考评员承担的计量标准考评项目应当与其所取得的考评项目一致。

第四节　《考核规范》的适用范围及引用文件

一、适用范围

《考核规范》适用于计量标准的建立、新建计量标准的考核、已建计量标准的复查考核以及计量标准考核的监督管理。

二、引用文件

JJF 1001—2011 通用计量术语及定义

JJF 1059.1 测量不确定度评定与表示

JJF 1059.2 用蒙特卡洛法评定测量不确定度

JJF 1094 测量仪器特性评定

JJF 1117 计量比对

JJF 1139 计量器具检定周期确定原则和方法

GB/T 4091—2001 idt ISO 8258:1991 常规控制图

OIML D8:2004 测量标准的选择、考核、使用、维护和文件集（Measurement standards. choice, recognition, use, conservation and documentation）

凡是注日期的引用文件，仅注日期的版本适用于《考核规范》；凡是不注日期的引用文件，其最新版本（包括所有的修改单）适用于《考核规范》。

第五节　术语与定义

一、计量标准

（一）规范条文

> **3.1　计量标准　measurement standard**
>
> 具有确定的量值和相关联的测量不确定度，实现给定量定义的参照对象。
>
> 注：本规范所指计量标准约定由计量标准器及配套设备组成。

（二）理解要点

（1）英语中“measurement standard”译为测量标准，在我国，测量标准按其用途分为计量基准、计量标准和有证标准物质。举例如下：具有标准测量不确定度为 3mg 的 1kg 质量测量标准；具有标准测量不确定度为 1mW 的 100Ω 测量标准电阻器；具有相对标准测量不确定度为 2×10^{-15} 的铯频率标准；量值为 7.072 并具有标准测量不确定度为 0.006 的氢标准电极；每种溶液具有测量不确定度的有证量值的一组人体血清中的可的松参考溶液；对 10 种不同蛋白质中每种的质量浓度提供具有测量不确定度的量值的有证标准物质。

（2）研制、建立测量标准的目的是为了定义、实现、保存或复现给定量的单位或一个或多个量值；这里所用的“实现”是按一般意义说的。“实现”有三种方式：一是根据定义，物理实现测量单位，这是严格意义上的实现；二是基于物理现象建立可高度复现的测量标准，它不是根据定义实现的测量单位，所以称“复现”，如使用稳频激光器建立米的测量标准，利用约瑟夫森效应建立伏特的测量标准或利用霍尔效应建立欧姆的测量标准；三是采用实物量具作为测量标准，如 1kg 的质量测量标准。

（3）计量标准只是测量标准中的一部分，《考核规范》所指的“计量标准”是指准确度等级低于“计量基准”的计量标准器具，且包含“工作计量基准”。

（4）我国的计量标准，按其法律地位、使用和管辖范围不同，可以分为社会公用计量标准、部门计量标准和企事业单位计量标准。

（5）JJF 1001—2011 中给出术语“参考测量标准”（简称参考标准）的定义是：在给定组织或给定地区内指定用于校准或检定同类量其他测量标准的测量标准。在计量标准考核中的“最高计量标准”实际上就是“参考测量标准”。

（6）最高计量标准分为三类：最高社会公用计量标准、部门最高计量标准和企事业单位最高计量标准。这里的“最高”是指其准确度等级最高（同类量）。最高计量标准的认定应当按照该计量标准在与其“计量学特性”相应的国家计量检定系统表中的位置是否最高来判断，而不应根据其是否能在本地区、本部门或者本企、事业单位内部进行量值溯源来判断。例如：某单位建立了一项高等级的流量计量标准，其计量学特性是一个组合导出单位，其量值需溯源到质量和时间等物理量。无论其是否能在本单位内部进行量值溯源，只要依据流量的国家计量检定系统表认定该计量标准在本单位位置最高(即准确度等级最高),其他同类量的流量标准或工作计量器具都溯源至该计量标准,则应当判定它属于本单位建立的流量最高计量标准。

(7)计量标准按照专业特点有不同的表现形式,如:测量仪器(包括实物量具和非实物量具)、参考(标准)物质或测量系统。

二、计量标准考核

(一)规范条文

> 3.2 **计量标准考核** examination of measurement standard
>
> 由国家主管部门对计量标准测量能力的评定和利用该标准开展量值传递资格的确认。

(二)理解要点

(1)计量标准考核的英文为"examination of measurement standard",虽然英文中"measurement standard"可以译为测量标准,但此处的"examination of measurement standard"约定指计量标准考核。

(2)主持计量标准考核部门为国家主管部门,这里的国家主管部门是指《中华人民共和国计量法》中所指的县级以上地方人民政府计量行政部门以及《国防计量监督管理条例》中所指的国防科工委计量管理机构。

(3)计量标准考核包括技术要求和法制管理两个方面,技术要求是对计量标准测量能力的评定,法制管理是对利用该标准开展量值传递资格的确认。

(4)根据《中华人民共和国计量法》有关规定,社会公用计量标准,部门和企、事业单位建立的最高等级的计量标准,必须经过考核合格方能投入使用。

三、计量标准的考评

(一)规范条文

> 3.3 **计量标准的考评** evaluation of measurement standard
>
> 在计量标准考核过程中,计量标准考评员对计量标准测量能力的评价。

(二)理解要点

(1)计量标准考评是计量标准考核过程中的一个重要环节,该环节主要是进行技术评价。

(2)计量标准考评由计量标准考评员实施,特殊情况由计量标准考评员和有关技术专家组成考评组共同实施。

(3)计量标准的考评是通过书面审查资料、现场考评等方式来评价计量标准的测量能力。

四、仪器的测量不确定度

(一)规范条文

> **3.4　仪器的测量不确定度**　instrumental measurement uncertainty[JJF 1001—2011,7.24]
>
> 由所用的测量仪器或测量系统所引起的测量不确定度的分量。
>
> 注:
>
> 1　除原级测量标准采用其他方法外,仪器的不确定度通过对测量仪器或测量系统校准得到。
>
> 2　仪器的不确定度通常按B类测量不确定度评定。
>
> 3　对仪器的不确定度的有关信息可在仪器说明书中给出。

(二)理解要点

(1)本术语等同采用JJF 1001—2011《通用计量术语及定义》中的7.24“仪器的测量不确定度”。

(2)仪器本身并没有不确定度,使用仪器进行测量,得到的测量结果才有不确定度。术语“仪器的不确定度”指的是在测量结果的不确定度中,由所用的测量仪器或测量系统所引入的不确定度分量。所以它是测量结果的一个不确定度分量。

(3)同一台仪器加修正值使用或不加修正值使用时,其仪器不确定度是不一样的。当加修正值使用时,仪器的不确定度就是修正值的不确定度;当不加修正值使用时,仪器的不确定度由其最大允许误差通过假设的分布导出。

(4)同一台仪器由不同的技术机构进行校准,给出的修正值可能具有不同的不确定度,即两者的仪器不确定度也可能是不一样的。

五、计量标准的测量范围

(一)规范条文

> **3.5　计量标准的测量范围**　measuring range of measurement standard
>
> 在规定条件下,由具有一定的仪器不确定度的计量标准能够测量出的同类量的一组量值。
>
> 注:在JJF 1001—2011中将测量范围称为测量区间或工作区间。

(二)理解要点

(1)本术语与JJF 1001—2011《通用计量术语及定义》中的7.7“测量区间”(又称为工作区间)相对应,但考虑到我国计量领域的传统习惯,还是将其称为“计量标准的测量范围”,而不称为“计量标准的测量区间”或“计量标准的工作区间”。

(2)计量标准的测量范围是指其能够测量出的测得值的范围,并且在该范围内测得值的不确定度能满足规定的要求。

(3)计量标准的测量范围通常用它的最小和最大量值表示,例如:100mV～220V。

六、计量标准的不确定度

(一)规范条文

> 3.6 **计量标准的不确定度** uncertainty of measurement standard
>
> 在检定或校准结果的不确定度中,由计量标准引入的测量不确定度分量,它包括计量标准器及配套设备所引入的不确定度。

(二)理解要点

(1)计量标准本身就是测量仪器或测量系统,因此与术语“仪器的测量不确定度”一样,可以将术语“计量标准的不确定度”理解为在测量结果的不确定度中,由计量标准所引入的测量不确定度分量。它不仅包括计量标准器所引入的不确定度分量,也包括配套设备所引入的不确定度分量。

(2)与仪器的测量不确定度一样,计量标准的不确定度也与其使用方法有关(加修正值使用或不加修正值使用)。当计量标准加修正值使用时,计量标准的不确定度就是修正值的不确定度;当计量标准不加修正值使用时,计量标准的不确定度由其最大允许误差通过假设的分布导出。

七、计量标准的准确度等级

(一)规范条文

> 3.7 **计量标准的准确度等级** accuracy class of measurement standard
>
> 在规定工作条件下,符合规定的计量要求,使计量标准的测量误差或不确定度保持在规定极限内的计量标准的等别或级别。

(二)理解要点

(1)虽然人们经常使用“准确度等级”这一术语,但在计量学中“等”和“级”是两个不同的概念。严格地讲,具体使用时应该分清是计量标准的“准确度等别”还是计量标准的“准确度级别”,而不是笼统地说计量标准的“准确度等级”。

(2)计量标准的“准确度等别”以计量标准所复现的标准量值的不确定度(即修正值的不确定度)大小来划分,这对应于加修正值使用的情况;计量标准的“准确度级别”以计量标准的最大允许误差大小来划分,这对应于不加修正值使用的情况。

八、计量标准的最大允许误差

(一)规范条文

> 3.8 **计量标准的最大允许误差** maximum permissible error of measurement standard
>
> 对给定的计量标准,由规范或规程所允许的,相对于已知参考量值的测量误差的极限值。

（二）理解要点

（1）“最大允许误差”又称“误差限”，但不应该用“容差”来表示“最大允许误差”。

（2）“最大允许误差”不属于“误差”范畴，而是误差的最大允许值。根据误差的定义，误差只有通过测量才能得到，而最大允许误差是由相应的技术文件规定的，不是通过测量得到的。

（3）计量标准中的每一台计量标准器和配套设备可以分别有各自的最大允许误差。

（4）最大允许误差的符号（即英语缩写）为“MPE”，其数值一般带“±”号。例如：“MPE：±0.05mm”“MPE：±0.01mg”。

九、测量精密度

（一）规范条文

> 3.9 **测量精密度** measurement precision[JJF 1001—2011，5.10]
>
> 在规定条件下，对同一或类似被测对象重复测量所得示值或测得值间的一致程度。
>
> 注：
>
> 1 测量精密度通常用不精密程度以数字形式表示，如在规定测量条件下的标准偏差、方差或变差系数。
>
> 2 规定条件可以是重复性测量条件、期间精密度测量条件或复现性测量条件。
>
> 3 测量精密度用于定义测量重复性、期间测量精密度或测量复现性。
>
> 4 术语“测量精密度”有时用于指“测量准确度”，这是错误的。

（二）理解要点

（1）本术语等同采用JJF 1001—2011《通用计量术语及定义》中的5.10“测量精密度”。

（2）测量精密度通常用规定测量条件下测得值的标准偏差来表示。标准偏差越大表示精密度越低，即越“不精密”，所以注1中说“测量精密度通常用不精密程度以数字形式表示”。但不宜使用“不精密度”这样的术语。

（3）规定条件可以是重复性测量条件、期间精密度测量条件或复现性测量条件。在重复性测量条件下得到的精密度称为“重复性精密度”简称“重复性”；

在复现性测量条件下得到的精密度称为“复现性精密度”简称“复现性”；在期间精密度测量条件下得到的精密度称为“期间测量精密度”。

（4）在测量不确定度评定中，重复性精密度通常是测量不确定度的来源之一。但在特殊情况下，复现性精密度和期间测量精密度也可能取代重复性精密度而成为测量不确定度的来源。

十、测量重复性

（一）规范条文

> 3.10 **测量重复性** measurement repeatability
>
> 在一组重复性测量条件下的测量精密度。
>
> 注：重复性测量条件简称重复性条件，是指相同测量程序、相同操作者、相同测量系统、相同操作条件和相同地点，并在短时间内对同一或相类似被测对象重复测量的一组测量条件。

（二）理解要点

（1）术语“测量重复性”简称“重复性”，它是指在重复性条件下得到的“精密度”，故术语“重复性”也是“重复性精密度”的简称。

（2）重复性通常用单次测量结果 y_i 的实验标准差 $s(y_i)$ 来表示。

（3）测量结果的重复性通常是测量不确定度的来源之一，它表示测量过程中所有的随机效应对测量结果的影响。

（4）为保证在尽可能相同的条件下进行多次重复测量，重复性测量应当在尽可能短的时间内完成。

十一、计量标准的稳定性

（一）规范条文

> **3.11 计量标准的稳定性** stability of measurement standard
>
> 计量标准保持其计量特性随时间恒定的能力。
>
> 注：在计量标准考核中，计量标准的稳定性用计量特性在规定时间间隔内发生的变化量表示。

（二）理解要点

（1）计量标准的稳定性是指计量标准保持其计量特性随时间恒定的能力。因此计量标准的稳定性与所考虑的时间段长短有关。

（2）计量标准的稳定性应当包括计量标准器的稳定性和配套设备的稳定性。

（3）计量标准稳定性考核的方法有如下 5 种：

① 采用核查标准进行考核；

② 采用高等级的计量标准进行考核；

③ 采用控制图法进行考核；

④ 采用计量检定规程或计量技术规范规定的方法进行考核；

⑤ 采用计量标准器的稳定性考核结果进行考核。

（4）采用核查标准方法或控制图方法进行稳定性考核的前提是必须存在同时具有良好的短期稳定性和长期稳定性的核查标准。否则测得的稳定性可能来源于核查标准的不稳定。

十二、计量标准的文件集

（一）规范条文

> **3.12 计量标准的文件集** documentation of measurement standard
>
> 关于计量标准的选择、批准、使用和维护等方面文件的集合。

（二）理解要点

（1）OIMLD8:2004 规定，文件集是指有关计量标准的选择、批准、使用、保存和维护等方面文件的集合体。

(2)每项计量标准应当建立一个文件集，建标单位应当对文件集的完整性、真实性、正确性和有效性负责。

(3)计量标准的文件集包括《计量标准考核申请书》《计量标准技术报告》等 18 个方面的文件。

第二章　计量标准的考核要求

计量标准的考核要求既是建标单位建立计量标准的要求，也是计量标准的考评内容。计量标准的考核要求包括计量标准器及配套设备、计量标准的主要计量特性、环境条件及设施、人员、文件集以及计量标准测量能力的确认等6个方面共30项内容，其中有十项内容是重点考评项目。

第一节　计量标准器及配套设备

一、计量标准器及配套设备的配置

（一）规范条文

> **4　计量标准的考核要求**
>
> **4.1　计量标准器及配套设备**
>
> **4.1.1　计量标准器及配套设备的配置**
>
> 建标单位应当按照计量检定规程或计量技术规范的要求，科学合理、完整齐全地配置计量标准器及配套设备（包括计算机及软件，下同），并能满足开展检定或校准工作的需要。

（二）理解要点

(1)计量标准器及配套设备是保证建标单位正常开展检定或校准工作，并取得准确可靠测量数据的最重要装备，因此，《考核规范》对计量标准器及配套设备的配置提出了详细和严格的要求，并列入重点考评项目。

(2)计量标准器及配套设备的配置要求。

① 计量标准器及配套设备的配置依据：相应的计量检定规程或计量技术规范。

② 计量标准器及配套设备不仅包括硬件部分，也包括用于测量和数据处理的各种软件。

③ 计量标准器及配套设备配套的基本原则是科学合理、完整齐全。科学合理是指应当严格按照相应计量检定规程或计量技术规范的要求合理配置计量标准器及配套设备，把握合理的性价比，不能低配，也不要求高配，要求做到科学合理、经济实用。完整齐全是指按照相应计量检定规程或计量技术规范的要求既要配齐计量标准器，也要配齐主要配套设备，还要配齐开展检定或校准工作所需要的各种配件、工具和易耗品。

④ 对计量标准器及配套设备配置的最终要求是满足开展检定或校准工作的需要。

二、计量标准器及主要配套设备的计量特性

（一）规范条文

> **4.1.2 计量标准器及主要配套设备的计量特性**
>
> 建标单位配置的计量标准器及主要配套设备，其计量特性应当符合相应计量检定规程或计量技术规范的规定，并能满足开展检定或校准工作的需要。

（二）理解要点

（1）计量标准的计量特性主要由计量标准器及主要配套设备的计量特性决定，因此，《考核规范》对计量标准器及主要配套设备的计量特性提出了要求，并列入重点考评项目。

（2）计量标准器及主要配套设备的计量特性包括测量范围、不确定度或准确度等级或最大允许误差、稳定性、灵敏度、鉴别力、分辨力等。

（3）计量标准器及主要配套设备的计量特性应当满足相应计量检定规程或计量技术规范的规定。

（4）计量标准器及主要配套设备的计量特性应当满足开展检定或校准工作的需要。

三、计量标准的溯源性

（一）规范条文

> **4.1.3 计量标准的溯源性**
>
> 计量标准的量值应当溯源至计量基准或社会公用计量标准；当不能采用检定或校准方式溯源时，应当通过计量比对的方式确保计量标准量值的一致性；计量标准器及主要配套设备均应当有连续、有效的检定或校准证书（包括符合要求的溯源性证明文件，下同）。
>
> 计量标准的溯源性应当符合如下要求：
>
> 1）计量标准器应当定点定期经法定计量检定机构或县级以上人民政府计量行政部门授权的计量技术机构建立的社会公用计量标准检定合格或校准来保证其溯源性；主要配套设备应当经检定合格或校准来保证其溯源性。
>
> 2）有计量检定规程的计量标准器及主要配套设备，应当按照计量检定规程的规定进行检定。
>
> 3）没有计量检定规程的计量标准器及主要配套设备，应当依据国家计量校准规范进行校准。如无国家计量校准规范，可以依据有效的校准方法进行校准。校准的项目和主要技术指标应当满足其开展检定或校准工作的需要，并参照 JJF 1139《计量器具检定周期确定原则和方法》的要求，确定合理的复校时间间隔。
>
> 4）计量标准中使用的标准物质应当是处于有效期内的有证标准物质。
>
> 5）当计量基准和社会公用计量标准无法满足计量标准器及主要配套设备量值溯源需要时，建标单位应当经国务院计量行政部门同意后，方可溯源至国际计量组织或其他国家具备相应测量能力的计量标准。

（二）理解要点

（1）计量标准的溯源性是指通过文件规定的不间断的比较链，将计量标准所提供的标准量值与规定的参照对象，通常是与（国家）计量基准或国际测量标准联系起来的特性。这里，不间断的比较链是指不确定度不间断。

计量标准的溯源性是计量标准考核的关键环节之一，是保证检定或校准结果准确可靠的基础，因此《考核规范》将其列入重点考评项目。

（2）计量标准的量值应当溯源至计量基准或社会公用计量标准。溯源的方式可以采用检定或校准，当不能采用检定或校准方式溯源时，应当通过计量比对的方式确保计量标准量值的一致性。

（3）计量标准溯源性的证明文件包括所有计量标准器及主要配套设备的检定证书、校准证书或符合要求的其他溯源性证明文件。溯源性证明文件应当连续、有效。“连续”的含义是时间上的连续不间断，“有效”含义见以下各条。

（4）计量标准器和主要配套设备的有效溯源机构

计量标准器应当向法定计量检定机构或县级以上人民政府计量行政部门授权的计量技术机构建立的计量基准或社会公用计量标准溯源；主要配套设备可以向具有相应测量能力的计量技术机构溯源。

计量标准的计量特性一般主要由计量标准器确定，为了保证计量标准的量值准确统一，计量标准器应当定点定期溯源。《中华人民共和国计量法》第九条规定“县级以上人民政府计量行政部门对社会公用计量标准器具，部门和企业、事业单位使用的最高计量标准器具，以及用于贸易结算、安全防护、医疗卫生、环境监测方面的列入强制检定目录的工作计量器具，实行强制检定。未按照规定申请检定或者检定不合格的，不得使用。实行强制检定的工作计量器具的目录和管理办法，由国务院制定”。《中华人民共和国计量法条文解释》第九条进一步说明，社会公用计量标准，部门和企业、事业单位使用的最高计量标准，为强制检定的计量标准。强制检定是指由县级以上人民政府计量行政部门指定的法定计量检定机构或授权的计量检定机构，对强制检定的计量器具实行的定点定期检定。检定周期由执行强制检定的计量检定机构根据计量检定规程，结合实际使用情况确定。因此，《考核规范》规定计量标准器应当定点定期溯源。

“定期”的含义是指如果是通过检定溯源，检定周期不得超过计量检定规程规定的周期；如果是通过校准溯源，复校时间间隔不得超过国家计量校准规范的规定；如果国家计量校准规范或者其他技术规范没有明确规定复校时间间隔，当校准机构给出了复校时间间隔，应当按照校准机构给出的复校时间间隔定期校准，当校准机构没有给出复校时间间隔，建标单位应当按照JJF 1139《计量器具检定周期确定原则和方法》的要求制定合理的复校时间间隔并定期校准；当不可能采用计量检定或校准方式溯源时，则应当定期参加实验室之间的比对，以确保计量标准量值的可靠性和一致性。

（5）计量标准器和主要配套设备的检定溯源要求

凡是有计量检定规程的计量标准器及主要配套设备，应当按照计量标准器及主要配套设备对应的计量检定规程的要求进行周期检定。检定项目必须齐全，检定周期不得超过计量检定规程的规定。有计量检定规程的计量标准器及主要配套设备应当以检定方式溯源，不能以校准方式溯源。

（6）计量标准器和主要配套设备的校准溯源要求

没有计量检定规程的计量标准器及主要配套设备，或者有计量检定规程，但不能完全覆盖其测量范围的，应当依据国家计量校准规范或参照相应的计量检定规程进行校准。如无国家计量校准规范或相应的计量检定规程，可以依据有效的校准方法进行校准。校准的项目和主要技术参数应当满足其开展检定或校准工作的需要。校准的参数应当齐全。如果国家计量校准规范或计量检定规程对复校时间间隔有规定的应从其规定。如果没有规定，则应参照 JJF 1139《计量器具检定周期确定原则和方法》的要求，确定合理的复校时间间隔。

JJF 1139《计量器具检定周期确定原则和方法》是参照国际法制计量组织公布的 OIML D10：1984《检测实验室中使用的测量设备复校间隔的确定原则》与美国国家标准实验室大会组织出版的 NCSL RP—1：1996《校准间隔的确认与调整》等文件制定的，目的是为了科学、合理地确定计量器具检定周期或者校准时间间隔，以保证计量器具在规定的检定周期或者校准时间间隔内量值准确可靠。该规范规定了计量器具检定周期确定的基本原则和方法，适用于制定或者修订计量检定规程对计量器具检定周期的确定，同时，可作为在用计量器具检定时间间隔的调整与在用计量器具校准时间间隔确定的参考。

JJF 1139 提出了确定计量器具检定周期或者校准时间间隔的三个基本原则：一是制定或修订计量器具检定规程时，应当根据所适用计量器具的本身特征（如计量器具的工作原理、结构型式及所用材质等）、计量器具的性能要求（如最大允许误差及稳定性等）以及计量器具使用情况（如环境条件、使用频度与维护状况等）来确定其检定周期；二是确定计量器具检定周期时，应当明确所适用计量器具的测量可靠性目标 R（一般计量器具的测量可靠性目标 $R \geqslant 90\%$）；三是计量器具检定周期的确定应当恰当地选用反应法或最大似然估计法中某一种或某几种合适的方法进行分析测算。

JJF 1139 给出了确定计量器具检定周期或者校准时间间隔的方法，方法包括反应法和最大似然估计法两种方法。反应法是指通过响应最近获得的检定结果，采用简单直接的方式或最简便的算法，对计量器具检定周期或者校准时间间隔进行调整与确定的方法，反应法又主要有固定阶梯调整法、增量反应调整法与间隔测试法三种具体方法；最大似然估计法是指通过对似然函数的概率分布来研究评价被检计量器具超出允许误差的状况，最终确定计量器具检定周期或者校准时间间隔的方法，最大似然估计法是建立在数理统计和大量数据分析的基础上，最大似然估计法也有三种具体的计算法：经典法、二项式法与更新时间法。在确定计量器具检定周期或者校准时间间隔时，应当选择上述合适的方法进行可靠性分析和数理测算。

（7）采用比对的原则

只有当不能以检定或校准方式溯源时，才可以采用比对方式来保证计量标准量值的一致性。比对也应当定期进行，以保证计量标准量值持续一致。

（8）计量标准中的标准物质的溯源要求

应当使用处于有效期内的国家一级标准物质或国家二级标准物质。

（9）对溯源到国际计量组织或其他国家具备相应能力的计量标准的规定

① 当（国家）计量基准不能满足计量标准器及主要配套设备量值溯源的需要时，应当按照有关规定向国务院计量行政部门提出申请，经国务院计量行政部门同意后方可溯源到国际计量组织或其他国家具备相应能力的计量标准。

② 溯源到国际计量组织或其他国家具备相应能力的计量标准时，有效的溯源性证明文件可以是校准证书，也可以是标明了溯源结果、不确定度等信息的校准报告。

(10)溯源结果的使用

当计量标准器及主要配套设备溯源后，如果给出修正因子或者修正值时，则应当确保其所有备份(例如计算机软件中的备份)得到及时正确的更新。

第二节　计量标准的主要计量特性

一、计量标准的测量范围

(一)规范条文

> 4.2　计量标准的主要计量特性
>
> 4.2.1　计量标准的测量范围
>
> 计量标准的测量范围应当用计量标准能够测量出的一组量值来表示，对于可以测量多种参数的计量标准，应当分别给出每种参数的测量范围。计量标准的测量范围应当满足开展检定或校准工作的需要。

(二)理解要点

(1)计量标准的测量范围应当用计量标准能够测量出的一组量值来表示。例如：三等量块标准装置的测量范围为(0.5～100)mm，0.02 级活塞式压力计标准装置的测量范围为(－0.1～60)MPa。

(2)对于可以测量多种参数的计量标准，应当分别给出每种参数的量值或量值范围。例如：单相交流电能表检定装置的测量范围：ACV：220 V；ACI：(0.1～100)A；$\cos\varphi$：0.25(L)～1～0.25(C)；f：(45～65)Hz。

(3)计量标准的测量范围应当满足所开展检定或校准工作的需要。

二、计量标准的不确定度或准确度等级或最大允许误差

(一)规范条文

> 4.2.2　计量标准的不确定度或准确度等级或最大允许误差
>
> 计量标准的不确定度或准确度等级或最大允许误差应当根据计量标准的具体情况，按照本专业规定或约定俗成进行表述。对于可以测量多种参数的计量标准，应当分别给出每种参数的不确定度或准确度等级或最大允许误差。计量标准的不确定度或准确度等级或最大允许误差应当满足开展检定或校准工作的需要。

(二)理解要点

(1)不确定度、准确度等级和最大允许误差三个计量特性都与计量标准所提供的标准量值的准确程度有关，它们的含义各不相同，分别用于不同的场合。

① 计量标准的不确定度是指计量标准所复现的标准量值的不确定度，或者说是在测量结

果中由计量标准所引入的不确定度分量。它适用于在测量中采用计量标准的实际值，或加修正值使用的情况。

② 准确度等级是指符合一定的计量要求，并使不确定度或误差保持在规定极限以内的计量标准的等别或级别。准确度等级通常采用约定的数字或符号来表示，并称为等级指标。注意术语“准确度”和“准确度等级”之间的区别，准确度是一个定性的概念。

③ 最大允许误差是指对给定的计量标准，由规范、规程、仪器说明书等文件所给出的允许的误差极限值。有时也称计量标准的允许误差限。

(2)计量标准的不确定度或准确度等级或最大允许误差应当满足开展检定或校准的需要。

(3)计量标准中的计量标准器和配套设备可能有各自的不确定度，或准确度等级，或最大允许误差。

(4)应当根据计量标准在使用中是否采用修正值、是否有等别或级别的划分等具体情况，选用不确定度或准确度等级或最大允许误差中的一种来表述，表述时应当用明确的通用符号指明所给出数值的含义。

(5)对于可以测量多种参数的计量标准，应当分别给出每种参数对应的不确定度或准确度等级或最大允许误差。

(6)判断某项目计量标准给出的不确定度或准确度等级或最大允许误差是否合适，要看能否满足开展检定或校准工作的需要。

三、计量标准的稳定性

(一)规范条文

4.2.3 计量标准的稳定性

计量标准的稳定性用计量标准的计量特性在规定时间间隔内发生的变化量表示。新建计量标准一般应当经过半年以上的稳定性考核，证明其所复现的量值稳定可靠后，方可申请计量标准考核；已建计量标准一般每年至少进行一次稳定性考核，并通过历年的稳定性考核记录数据比较，以证明其计量特性的持续稳定。计量标准的稳定性考核按照附录 C.2 的要求进行。

若计量标准在使用中采用标称值或示值，则计量标准的稳定性应当小于计量标准的最大允许误差的绝对值；若计量标准需要加修正值使用，则计量标准的稳定性应当小于修正值的扩展不确定度(U_{95}或$U,k=2$)。当计量检定规程或计量技术规范对计量标准的稳定性有规定时，则可以依据其规定判断稳定性是否合格。

注：有效期内的有证标准物质可以不进行稳定性考核。

(二)理解要点

(1)在计量标准考核中，计量标准的稳定性用计量标准的计量特性在规定时间间隔内发生的变化量来表示。《考核规范》将其列入重点考评项目。

(2)新建计量标准一般应当经过半年以上的稳定性考核，证明其所复现的量值稳定可靠后，方能申请计量标准考核；已建计量标准一般每年至少进行一次稳定性考核，并通过历年的稳定性考核记录数据比较，以证明其计量特性的长期持续稳定。

(3)计量标准的稳定性考核方法按照《考核规范》附录 C.2 和本书第七章第二节的要求进行。《考核规范》将计量标准的稳定性考核方法归纳为“采用核查标准进行考核”“采用高等级的计量标准进行考核”“采用控制图法进行考核”“采用计量检定规程或计量技术规范规定的方法进行考核”和“采用计量标准器的稳定性考核结果进行考核”等 5 种，建标单位应当根据计量标准的具体情况选用适当的考核方法。

(4)计量标准稳定性考核的通用判定标准：若计量标准在使用中采用标称值或示值，则稳定性应当小于计量标准的最大允许误差的绝对值；若计量标准需要加修正值使用，则稳定性应当小于修正值的扩展不确定度(U,$k=2$ 或 U_{95})。

当计量检定规程或计量技术规范对计量标准的稳定性有规定时，则可以依据其规定判断稳定性是否合格。

(5)对于有效期内的有证标准物质，可以不进行稳定性考核。

四、计量标准的其他计量特性

(一)规范条文

> **4.2.4　计量标准的其他计量特性**
>
> 计量标准的灵敏度、分辨力、鉴别阈、漂移、死区及响应特性等计量特性应当满足相应计量检定规程或计量技术规范的要求。

(二)理解要点

(1)计量标准的其他计量特性包括灵敏度、分辨力、鉴别阈、漂移、死区、响应特性等。具体定义和要求参照 JJF 1001—2011《通用计量术语及定义》和 JJF 1094—2002《测量仪器特性评定》。

(2)不同的计量标准所要求的计量特性可能不同。

(3)计量标准的其他计量特性应当满足相应计量检定规程或计量技术规范的要求。

第三节　环境条件及设施

一、环境条件

(一)规范条文

> **4.3　环境条件及设施**
>
> **4.3.1　环境条件**
>
> 温度、湿度、洁净度、振动、电磁干扰、辐射、照明及供电等环境条件应当满足计量检定规程或计量技术规范的要求。

（二）理解要点

(1)《考核规范》对环境条件所提出的要求是保证检定或校准工作的正常进行，并确保检定或校准结果的有效性和准确性所必须的。因此，《考核规范》将其列入重点考评项目。

(2)环境条件包括大气环境条件（例如：温度、湿度等）、机械环境条件（例如：振动、冲击等）、电磁兼容（例如：电磁屏蔽、电磁干扰、辐射等）、供电条件（例如：电源电压、频率、功率稳定性等）和照明条件（例如：照度、光源色温度、均匀度等）等。对环境条件的要求由所开展检定或校准的技术文件（例如：计量检定规程、计量技术规范及使用说明书等）给出。

二、设施

（一）规范条文

> **4.3.2 设施**
>
> 建标单位应当根据计量检定规程或计量技术规范的要求和实际工作需要，配置必要的设施，并对检定或校准工作场所内互不相容的区域进行有效隔离，防止相互影响。

（二）理解要点

(1)设施包括空调系统、消声室、暗室、屏蔽室、隔离电源、防振动、防辐射等设施，设施的配置应当满足开展检定或校准所依据的技术文件的要求。

(2)应当对检定或校准工作场所内互不相容的区域进行有效隔离，防止相互干扰，防止相互影响。比如实验室恒温工作区和非恒温工作区隔离，高压区域一般以"警示牌"方式如"高压危险"等标明。对于影响计量检定或校准工作安全和计量检定或校准结果的其他因素，也应当加以控制，并根据具体情况确定控制的范围。

三、环境条件监控

（一）规范条文

> **4.3.3 环境条件监控**
>
> 建标单位应当根据计量检定规程或计量技术规范的要求和实际工作需要，配置监控设备，对温度、湿度等参数进行监测和记录。

（二）理解要点

(1)只有当计量检定规程或计量技术规范有明确要求或实际检定或校准工作有需要时，建标单位才需要配置必要的监控设备。

(2)监控设备监测和记录的主要环境条件一般是温度、湿度，也可以包括其他环境参数。

(3)当环境条件可能危及到计量检定或校准结果时，应当停止计量检定或校准工作。

(4)当"环境条件及设施发生重大变化"时，《考核规范》增加了对于建标单位应当进行计量标准环境条件及设施发生变化后的自查和评估的要求。

第四节　人　员

一、计量标准负责人

(一)规范条文

> **4.4　人员**
>
> **4.4.1　计量标准负责人**
>
> 建标单位应当配备能够履行职责的计量标准负责人，计量标准负责人应当对计量标准的建立、使用、维护、溯源和文件集的更新等负责。

(二)理解要点

(1)人力是最宝贵的资源之一，建标单位的计量标准能否正常运行，很大程度上取决于人员的素质与水平，特别是关键岗位的人员素质与水平。因此人员对于计量标准是至关重要的，《考核规范》对计量标准负责人和检定或校准人员的能力和资格提出了要求。

(2)计量标准负责人应当具有能够履行职责的能力，且熟悉计量标准的组成、结构、工作原理和主要计量特性，掌握相应计量检定规程或计量技术规范以及计量标准的使用、维护和溯源等规定，具备对检定或校准结果进行测量不确定度评定的能力。计量标准负责人应当对计量标准的日常使用管理、维护、量值溯源及文件集的更新等事宜总负责。

二、检定或校准人员

(一)规范条文

> **4.4.2　检定或校准人员**
>
> 建标单位应当为每项计量标准配备至少两名具有相应能力，并满足有关计量法律法规要求的检定或校准人员。

(二)理解要点

(1)检定或校准人员的技术能力决定了检定或校准结果的正确性，因此，《考核规范》将其列入重点考评项目，要求每项计量标准应当配备至少两名具有开展本项目检定或校准工作能力的人员。

(2)检定或校准人员的资格应当满足有关计量法律法规要求。由于 2016 年 6 月 8 日国务院发布的《关于取消一批职业资格许可和认定事项的决定》取消了计量检定员资格许可，与注册计量师合并实施。所以本次修订将相关内容改为：建标单位应当为每项计量标准配备至少两名具有相应能力，并满足有关计量法律法规要求的检定或校准人员。具体地说：

① 对于法定计量检定机构和人民政府计量行政部门授权的计量机构的检定或校准人员，应当持有相应等级的《注册计量师资格证书》和人民政府计量行政部门颁发的具有相应项目的《注册计量师注册证》；或持有有关的人民政府计量行政部门颁发的具有相应项目的原《计量检

定员证》；或持有当地省级人民政府计量行政部门或其规定的市（地）级人民政府计量行政部门颁发的具有相应项目的“计量专业项目考核合格证明”（过渡期期间）。

② 对于其他企、事业单位的检定或校准人员，不要求必须持有人民政府计量行政部门颁发的计量检定人员证件，但是应当经过计量专业理论和实际操作培训或考核合格，确保具有从事检定或校准工作的相应能力。其能力证明可以是“培训合格证明”，也可以是其他能够证明具有相应能力的计量证件。

注：

1 “培训合格证明”可以是建标单位内部培训合格证明，也可以是外部培训合格证明，如行业学会、协会或计量检定机构签发的培训合格证明。

2 可以作为企、事业单位检定或校准人员其他能够证明具有相应能力的计量证件如：《注册计量师资格证书》和具有相应项目的《注册计量师注册证》，其主管部门或人民政府计量行政部门或各行业学会、协会颁发的具有相应项目的原《计量检定员证》，以及当地省级人民政府计量行政部门或其规定的市（地）级人民政府计量行政部门颁发的具有相应项目的“计量专业项目考核合格证明”等。

第五节　文件集

一、文件集的管理

（一）规范条文

4.5　文件集

4.5.1　文件集的管理

每项计量标准应当建立一个文件集，文件集目录中应当注明各种文件的保存地点、方式和保存期限。建标单位应当确保所有文件完整、真实、正确和有效。

文件集应当包含以下文件：

1)《计量标准考核证书》（如果适用）（格式见附录 K）；

2)《社会公用计量标准证书》（如果适用）；

3)《计量标准考核（复查）申请书》（格式见附录 A）；

4)《计量标准技术报告》（格式见附录 B）；

5)《检定或校准结果的重复性试验记录》（参考格式见附录 E）；

6)《计量标准的稳定性考核记录》；

7)《计量标准更换申报表》（如果适用）（格式见附录 G）；

8)《计量标准封存（或撤销）申报表》（如果适用）（格式见附录 H）；

9)《计量标准履历书》（参考格式见附录 D）；

10)国家计量检定系统表（如果适用）；

11)计量检定规程或计量技术规范；

12)计量标准操作程序；

13)计量标准器及主要配套设备使用说明书(如果适用);

14)计量标准器及主要配套设备的检定或校准证书;

15)检定或校准人员能力证明;

16)实验室的相关管理制度;

17)开展检定或校准工作的原始记录及相应的检定或校准证书副本;

18)可以证明计量标准具有相应测量能力的其他技术资料(如果适用)。如:检定或校准结果的不确定度评定报告、计量比对报告、研制或改造计量标准的技术鉴定或验收资料等。

(二)理解要点

(1)计量标准文件集是关于计量标准的选择、批准、使用和维护等方面的文件集合。为了满足计量标准的选择、使用、保存、考核及管理等的需要,应当建立计量标准文件集。文件集是原来计量标准档案的延伸,是国际上对于计量标准文件集合的总称。

(2)每项计量标准都应当建立一个文件集,建标单位应当对文件的完整性、真实性、正确性和有效性负责。计量标准负责人对计量标准文件集中数据的完整性和真实性负责,对计量标准文件集保存和正确处理负责。文件的正式批准、发布、更改、评价等均应当受控。计量标准的文件应当为有效的版本,应当便于有关人员取用。

(3)计量标准文件集包括上述18方面的文件,当有些文件对于该项计量标准不适用时,可不包含这些文件。

(4)每项计量标准都应当建立文件集目录,并在文件集目录中注明各种文件保存的地点和方式。文件集可以承载在各种载体上,如硬的拷贝或电子媒体。文件集可以是数字的、模拟的、照相的或者纸质的形式。

(5)建标单位自己编写文件的要求:

① 文字表述应当做到结构严谨、层次分明、用词确切、叙述清楚,不致产生不同的理解;

② 所用的术语、符号、代号要统一,同一术语应当始终表达同一概念,并与有关技术规范协调一致;

③ 按国家规定表述量的名称、单位和符号,测量不确定度的表述与符号也应当符合国家的相关规定;

④ 数据、公式、图样、表格及其他内容应当真实可靠、准确无误地按有关要求表述;

⑤ 书写应当使用规范化汉字。

二、计量检定规程或计量技术规范

(一)规范条文

4.5.2 计量检定规程或计量技术规范

建标单位应当备有开展检定或校准工作所依据的有效计量检定规程或计量技术规范。如果没有国家计量检定规程或国家计量校准规范,可以选用部门、地方计量检定规程。

对于国民经济和社会发展急需的计量标准,如果没有计量检定规程或国家计量校准规范，建标单位可以根据国际、区域、国家、军用或行业标准编制相应的校准方法，经过同行专家审定后，连同所依据的技术规范和实验验证结果，报主持考核的人民政府计量行政部门同意后，方可作为建立计量标准的依据。

（二）理解要点

（1）计量检定规程或计量技术规范是重点考评项目，是建立计量标准、开展检定或校准工作的必备技术文件，建标单位应使用符合规定要求的计量检定规程或计量技术规范。

（2）开展计量检定时，应当使用与检定项目对应的、现行有效的国家计量检定规程，如无国家计量检定规程，则可使用部门或地方计量检定规程。

（3）开展计量校准时，应当使用与校准项目对应的、现行有效的国家计量校准规范或参考相应的国家计量检定规程，在没有国家计量校准规范或相应的国家计量检定规程时，可以使用部门或地方计量检定规程。

（4）对于国民经济和社会发展急需的计量标准，当无国家计量校准规范或相应的计量检定规程时，建标单位可以根据国际、区域、国家、军用或行业标准编制满足校准需要的校准方法作为校准的依据，编制的校准方法应当经建标单位组织同行专家审定后，连同所依据的技术规范和实验验证结果，报主持考核的人民政府计量行政部门同意后，方可作为建立计量标准和考核的依据。

三、计量标准技术报告

（一）规范条文

4.5.3　计量标准技术报告

4.5.3.1　总体要求

新建计量标准，应当撰写《计量标准技术报告》，报告内容应当完整、正确；已建计量标准，如果计量标准器及主要配套设备、环境条件及设施、计量检定规程或计量技术规范等发生变化，引起计量标准主要计量特性发生变化时，应当修订《计量标准技术报告》。

建标单位在《计量标准技术报告》中应当准确描述建立计量标准的目的、计量标准的工作原理及其组成、计量标准的稳定性考核、结论及附加说明等内容。

4.5.3.2　计量标准器及主要配套设备

计量标准器及主要配套设备的名称、型号、测量范围、不确定度或准确度等级或最大允许误差、制造厂及出厂编号、检定周期或复校间隔以及检定或校准机构等栏目信息应当填写完整、正确。

4.5.3.3　计量标准的主要技术指标及环境条件

计量标准的测量范围、不确定度或准确度等级或最大允许误差及计量标准的稳定性等主要技术指标以及温度、湿度等环境条件应当填写完整、正确。对于可以测量多种参数的计量标准，应当给出对应于每种参数的主要技术指标。

4.5.3.4　计量标准的量值溯源和传递框图

根据相应的国家计量检定系统表、计量检定规程或计量技术规范，正确画出所建计量标准溯源到上一级计量器具和传递到下一级计量器具的量值溯源和传递框图。

4.5.3.5 检定或校准结果的重复性试验

按照附录C.1的要求进行检定或校准结果的重复性试验。新建计量标准应当进行重复性试验，并将得到的重复性用于检定或校准结果的不确定度评定；已建计量标准，每年至少进行一次重复性试验，测得的重复性应当满足检定或校准结果的不确定度的要求。

4.5.3.6 检定或校准结果的不确定度评定

按照附录C.3的要求进行检定或校准结果的不确定度评定，评定步骤、方法应当正确，评定结果应当合理。必要时，可以形成独立的《检定或校准结果的不确定度评定报告》。

4.5.3.7 检定或校准结果的验证

按照附录C.4的要求进行检定或校准结果的验证，验证的方法应当正确，验证结果应当符合要求。

（二）理解要点

(1)《计量标准技术报告》全面反映了计量标准的技术状况。《计量标准技术报告》编写的好坏反映了建标单位该项目计量人员的技术水平和能力。《计量标准技术报告》的审查是计量标准考评的重要工作之一。《计量标准技术报告》共涉及7个考评项目，其中检定或校准结果的测量不确定度评定是重点考评项目。

(2)新建计量标准，应当撰写《计量标准技术报告》，报告内容应当完整、正确；建立计量标准后，如果计量标准器及主要配套设备、环境条件及设施、计量检定规程或计量技术规范等发生变化，引起计量标准主要计量特性发生变化时，应当重新修订《计量标准技术报告》。

(3)《计量标准技术报告》一般由计量标准负责人撰写。《计量标准技术报告》用计算机打印，要求字迹工整清晰。

(4)《计量标准技术报告》各栏目填写的具体要求见本书第六章第二节。

(5)对检定或校准结果的重复性试验和计量标准的稳定性考核的编写要求参见《考核规范》附录C.1和C.2条。

(6)对于仅用于开展计量检定，并列入《简化考核的计量标准项目目录》中的计量标准(见《考核规范》附录N)，由于这些计量标准构成简单、准确度等级低、对环境条件要求不高，其稳定性考核、检定结果的重复性试验、检定结果的测量不确定度评定以及检定结果的验证等4个项目列入简化考核项目，所以这些计量标准的这4个项目在《计量标准技术报告》中对应的栏目可以不填写。

四、检定或校准的原始记录

（一）规范条文

4.5.4 检定或校准的原始记录

4.5.4.1 检定或校准的原始记录格式规范、信息齐全，填写、更改、签名及保存等符合有关规定的要求。

4.5.4.2 原始数据真实、完整，数据处理正确。

（二）理解要点

（1）检定或校准的原始记录的格式应当符合计量检定规程或计量校准规范的要求，每份原始记录应当包含足够的信息量，以保证该检定或校准结果能在尽可能与原来接近的条件下复现；原始记录应当包括检定或校准人员和核验人员的签名。

（2）当在记录中发生错误时，对每一错误应当划改，不可擦涂掉，以免字迹模糊或丢失，应当将正确值填在其旁边。对记录的所有改动应当有改动人的签名或签名缩写。对电子存储的记录也应当采取同等的措施，以避免原始数据的丢失或者更改。

（3）原始记录中的观测结果、数据和计算应当在检定或校准时准确及时予以记录。

（4）数据处理正确，离群值的剔除、数据修约和有效数字处理应当符合有关规定。

五、检定或校准证书

（一）规范条文

4.5.5　检定或校准证书

4.5.5.1　检定或校准证书的格式、签名、印章及副本保存等符合有关规定的要求。

4.5.5.2　检定或校准证书结果正确，内容符合计量检定规程或计量技术规范的要求。

（二）理解要点

（1）检定或校准证书的格式应当适用于所进行的计量检定或校准，并尽量减少产生误解或误用的可能性。检定证书和检定结果通知书的格式应当按人民政府计量行政部门规定的统一格式和计量检定规程的要求设计，校准证书的格式按有关的规定执行。

（2）检定或校准证书应当能准确、清晰和客观地报告每一项计量检定或校准结果，检定结论或校准数据准确，并符合计量检定规程或计量校准规范等技术文件中规定的要求。在证书中，应当包含顾客必需的和所用方法要求的全部信息。

（3）检定或校准证书应当实行三级签名制，即检定人员或校准人员、核验人员和批准人员均应当签名。

（4）开展计量检定工作，必须按照《计量检定印、证管理办法》的规定，出具检定证书或加盖检定印，结论准确，内容符合要求。开展计量校准工作，必须出具符合相关计量校准规范的校准证书。若对校准结果做符合性判断，应当在校准证书中指明符合或不符合相应校准规范的具体条款；若对被校准的仪器进行了调整或修理，在证书中应当给出该仪器在调整或修理前后的校准结果。

（5）检定证书中计量器具检定周期应当严格按照计量检定规程执行；校准证书一般不给出计量器具校准时间间隔；若对法制管理的计量标准器具进行校准，在校准证书中，应当给出复校时间间隔的建议。复校时间间隔可按 JJF 1139《计量器具检定周期确定原则和方法》的要求进行确定。

（6）调整计量器具检定周期或计量器具校准时间间隔也可以参考 2000 年 10 月 23 日原国家质量技术监督局发布的《关于加强调整强制检定工作计量器具检定周期管理工作的通知》（质技监局量发[2000]182 号）的要求。该通知的目的是为了加强对法定（含授权）计量检定机构强制检定工作计量器具检定周期的管理，规范调整强制检定周期的行为，保证强制检定工作科学、公正、有效，该通知对计量器具的检定周期作了四点规定：

① 国家计量检定规程或部门、地方计量检定规程中规定的检定周期是常规条件下的最长检定周期，普遍适用于强制检定的工作计量器具，法定（含授权）计量检定机构要严格执行，一般情况不需要进行调整。

② 凡连续两个检定周期检定合格率低于95%（计量器具主要计量性能指标）或某台（件）计量器具连续两个检定周期主要计量性能指标不合格的，法定（含授权）计量检定机构可以根据相关的规程，结合实际使用情况适当缩短其检定周期，但缩短后的检定周期不得低于规程规定的检定周期的50%；缩短检定周期的工作计量器具，若连续两个检定周期检定合格率在97%以上（含97%）或三次检定合格，应当恢复执行规程规定的检定周期。

③ 在调整强制检定周期前，法定（含授权）计量检定机构必须向当地省级质量技术监督局提出调整检定周期的申请方案，报送检定原始记录及数据统计分析表等资料的复印件，经审核批准备案后，方可调整强制检定周期。

④ 各省级质量技术监督局要加强对法定（含授权）计量检定机构强制检定工作的监督，严格审核调整强制检定周期的申请方案，必要时可聘请技术专家评议。对任意或未经批准备案调整强制检定周期的，要及时纠正，严重的要撤销对该项目进行强制检定的授权。

六、管理制度

（一）规范条文

4.5.6 管理制度

建标单位应当建立并执行下列管理制度，以保证计量标准处于正常运行状态。

1)实验室岗位管理制度；

2)计量标准使用维护管理制度；

3)量值溯源管理制度；

4)环境条件及设施管理制度；

5)计量检定规程或计量技术规范管理制度；

6)原始记录及证书管理制度；

7)事故报告管理制度；

8)计量标准文件集管理制度。

上述管理制度可以单独制订，也可以包含在建标单位的管理体系文件中。

（二）理解要点

(1)建标单位应当建立上述8项计量标准的管理制度，并保持其持续、有效运行；各项管理制度可以单独制订，也可以包含在建标单位的管理体系文件中。

(2)实验室岗位管理制度应当明确实验室管理人员、计量标准负责人和检定或校准、核验人员的具体分工和职责。

(3)计量标准使用维护管理制度应当明确计量标准的保存、运输、维护、使用、修理、更换、改造、封存及撤销以及恢复使用等工作的具体要求和程序。应当包括：计量标准器及配套设备在使用前的检查和(或)校准，唯一性标识和检定或校准状态，出现故障的处置方法，计量标准器及配套设备的使用限制和保护措施等。

(4)量值溯源管理制度应当明确计量标准器及主要配套设备的周期检定或定期校准计划和执行程序，包括偏离程序应当采取的措施。

(5)环境条件及设施管理制度应当确保实验室的设施和环境条件适合计量标准的保存和使用，同时应当满足所开展计量检定或校准项目的计量检定规程或校准规范的要求。应当对温度、湿度等环境条件进行监测和记录，对实验室互不相容的活动区域进行有效隔离。

(6)计量检定规程或计量技术规范管理制度应当能确保开展计量检定或校准时采用符合规定要求的计量检定规程或校准规范。

(7)原始记录及证书管理制度应当明确计量检定或校准过程原始记录、数据处理、证书填写、数据核验和证书签发等环节的工作程序及要求。

(8)事故报告管理制度应当明确仪器设备、人员安全和工作责任事故的分类和界定，以及各种事故的发现、报告和处理的程序规定。

(9)计量标准文件集管理制度应当明确计量标准文件集的管理内容和要求，对文件的起草、批准、发布、使用、更改、评价、存档及作废等作出明确规定，设置专人负责，确定其借阅、保存等方面的具体要求。

第六节　计量标准测量能力的确认

一、技术资料的审查

(一)规范条文

4.6　计量标准测量能力的确认

4.6.1　技术资料审查

通过建标单位提供的计量标准的稳定性考核、检定或校准结果的重复性试验、检定或校准结果的不确定度评定、检定或校准结果的验证以及计量比对等技术资料，综合判断计量标准测量能力是否满足开展检定或校准工作的需要以及计量标准是否处于正常工作状态。

(二)理解要点

(1)计量标准测量能力的确认是对于计量标准器及配套设备、计量标准的主要计量特性、环境条件及设施、人员、文件集等方面的全面检查，综合判断该计量标准是否具有相应的测量能力并处于正常工作状态。

(2)考评员通过审查建标单位提供的计量标准的稳定性考核、检定或校准结果的重复性试验、检定或校准结果的测量不确定度评定、检定或校准结果的验证、计量比对等技术资料中的数据，综合判断该计量标准是否具有相应的测量能力并处于正常工作状态。

(3)对于计量标准复查，如果考评员通过建标单位提供的技术资料就可以判断计量标准处于正常工作状态，则可以确认该计量标准具有相应的测量能力。考评员应当特别关注那些未获得满意结果的计量比对、测量能力验证活动。检查建标单位是否进行整改，整改的效果如何，是否能保持其原来的测量能力。

二、现场实验

(一)规范条文

> **4.6.2　现场实验**
>
> 通过现场实验的结果、检定或校准人员实际操作和回答问题的情况，判断计量标准测量能力是否满足开展检定或校准工作的需要以及计量标准是否处于正常工作状态。现场实验应当满足以下要求：
>
> 4.6.2.1　实际操作
>
> 检定或校准人员采用的检定或校准方法、操作程序以及操作过程等符合计量检定规程或计量技术规范的要求。
>
> 4.6.2.2　检定或校准结果
>
> 检定或校准人员数据处理正确，检定或校准的结果符合附录C.5的有关要求。
>
> 4.6.2.3　回答问题
>
> 计量标准负责人及检定或校准人员能够正确回答有关本专业基本理论方面的问题、计量检定规程或计量技术规范中有关问题、操作技能方面的问题以及考评中发现的问题。

(二)理解要点

(1)本条是通过现场实验判断计量标准是否具有相应的测量能力，是现场考评时的考评重点。

(2)现场实验是确认计量标准测量能力的主要方法之一。它包括实际操作、检定或校准结果、回答问题等三个项目，其中实际操作、检定或校准结果等两个项目为重点考评项目。

(3)现场实验最好的方法是采用盲样作为测量对象。在无法得到盲样的情况下，可以使用建标单位的核查标准作为测量对象。如无核查标准，也可以挑选近期经检定或校准过的计量器具作为测量对象。

(4)现场实验时，考评员应当观察检定或校准方法是否正确、操作过程是否规范、操作是否熟练等内容。考评员应当在实验现场观察、记录检定或校准人员的实验过程，并确定是否能满足计量检定规程或计量技术规范的要求。

(5)现场实验时，考评员应当检查检定或校准人员的数据处理是否正确，并根据测量结果和参考值之差的大小来判断测量结果是否处于合理范围内。具体要求参见本书第四章第三节“现场考评”中的有关内容。

(6)现场考评时，考评员通过提问的方式确认检定或校准人员的技术水平和能力。提问的问题包括本专业基本理论方面的问题、计量检定规程或计量技术规范中的有关问题、操作技能方面的问题、书面审查发现的问题以及现场考评中发现的问题。

（三）案例及案例分析

【案例 1】 在"检定测微量具标准器组"现场考评中，考评员发现：检定实验室的温度为22℃，采用的是壁挂式空调控温，温控记录上填写的是 20.5℃，检定人员正在用立式光学计检定 75mm 校对量杆。考评员问："校对量杆是数显千分尺用的还是外径千分尺用的？"检定人员回答："是数显千分尺用的。"考评员问："你用的量块是几等的？"检定人员回答："是 3 等。"考评员问："你记录的温度与实际温度不一致怎么回事？"检定人员回答："那是开始检定时的温度，再说这空调温度总是在(20±2)℃之间变化，我只能等温度符合要求了抓紧时间进行检定。"请问检定人员的这些作法对吗？

案例分析 检定人员的这些作法是不对的。原因如下：

(1)检定时环境条件不符合要求。按照规程要求，数显千分尺校对用量杆检定时室内温度要求为：(20±1)℃，而该检定室的温度是在(20±2)℃之间变化的，检定过程中温度处在变动状态，有可能超出要求范围，显然不符合规程要求。

(2)温控记录不对，不能只记录开始检定时的温度，应记录检定过程温度变化范围。

(3)检定人员选用的主要配套设备不符合要求。按照规程要求，在对数显千分尺 75mm 校对量杆进行检定时，采用立式光学计不行，因为立式光学计的准确度太低，不能满足测量不确定度的要求，需要使用 3 等量块和接触式干涉仪进行比较测量。

【案例 2】 计量标准考评员在现场考评时发现压力计量室墙上挂着一个干湿球温度计，湿球部分的下端包裹着纱布，而纱布是干的，水舱中也无蒸馏水。检定人员在检定原始记录的环境参数栏目中填着温度 21℃，湿度 21%RH。考评员问："你是怎样算出湿度的？"检定人员答："我看干湿温度计指示值是 21，就顺手填上了。"

案例分析 依据《考核规范》第 4.3.3 条"环境条件监控"的规定："建标单位应当根据计量检定规程或计量技术规范的要求和实际工作需要，配置监控设备，对温度、湿度等参数进行监测和记录"。案例中干湿球温度计的水舱中无水，监控设备的使用不符合要求。另外，检定人员没有掌握干湿球温度计的使用方法，不会进行温度、湿度的换算，因此对环境参数中的温度、湿度不能进行正确监测、换算和记录。

【案例 3】 计量标准考评员老李在化学计量室进行计量标准复查考核时，查阅了检定和校准的原始记录，经察看记录格式比较规范，内容填写齐全，数据更改执行了划改的规定，但发现签字人中不少只签姓却不签全名；数据有效位数取舍也不一致。

案例分析 依据《考核规范》第 4.5.4.1 条"检定或校准的原始记录"的规定："格式规范、信息齐全，填写、更改、签名及保存等符合有关规定的要求"。检定和校准的原始记录签字人应该签全名，案例中只签姓而不签名是不对的；检定和校准的原始记录数据的有效位数应该执行数据处理的相关规定，不能随意取舍有效位数。

【案例 4】 某企业计量实验室里有一台新进口的高精度电子分析天平，作为企业最高计量标准使用。这台天平已经使用了二个月，天平上贴着绿色合格标志。考评员问："这台天平是否进行过检定？"室主任回答说："国外这个厂家的产品质量很好，我们订购之前做过质量调查，买的时候附有生产厂家的产品合格证，质量上应该能够放心，我们准备使用一段时间后再请计量部门检定。"

案例分析 依据《考核规范》第 4.1.3 条“计量标准的溯源性 1)”的规定：“计量标准器应当定点定期经法定计量检定机构或县级以上人民政府计量行政部门授权的计量技术机构建立的社会公用计量标准检定合格或校准来保证其溯源性；主要配套设备应当经检定合格或校准来保证其溯源性”。厂家的合格证不能代替有效的溯源证明，经调查其质量好也不能保证其溯源性。所以室主任的观点和认识是错误的。

【案例 5】 某企业建立的一项最高计量标准，其计量标准器检定证书的有效期为一年，而实际上已超过半年还在使用。该项计量标准的负责人说，由于日常检定的工作量不大，该计量标准使用并不频繁，所以厂里公布的调整确认间隔的文件已将其确认间隔调整为二年。依据这个文件，我们是隔一年送检一次。

案例分析 依据《考核规范》第 4.1.3 条“计量标准的溯源性 2)”的规定“有计量检定规程的计量标准器及主要配套设备，应当按照计量检定规程的规定进行检定”。该企业建立的企业最高计量标准属于强制管理的范畴，其计量标准器不能由企业自行调整检定周期。上级计量技术机构根据计量检定规程的要求，出具的检定证书标明有效期为一年，超过有效期半年还在使用是不对的。

【案例 6】 在计量标准现场考评中，考评员核查现场实验的超声功率计检定记录时，发现计量检定人员没有按计量检定规程规定的项目进行超声功率项目的检定。检定人员解释说：“我们这个项目是现场检定的，检定超声功率比较麻烦，带的标准设备也多，刚建标时我们对计量规程规定周期检定的项目都进行了检定。由于用户只要求给他们检定合格就行了，没有提出过明确的项目要求，为了提高工作效率，我们就不检了，用户也没有提出过意见，此次现场实验，我们也是按照日常检定进行的操作。”

案例分析 依据《考核规范》第 4.6.2.1“实际操作”的规定：“检定或校准人员采用的检定或校准方法、操作程序以及操作过程等符合计量检定规程或计量技术规范的要求”。计量检定不执行检定规程，随意省略应当检定的项目，是不对的。

【案例 7】 某企业建立了 0.3 级、(1～60)kN 测力仪标准装置，由于工作的需要，增加了一台 0.3 级、(10～100)kN 测力仪和一台 0.1 级、(3～30)kN 测力仪，该测力仪标准装置到期复查时，该企业拟利用新购仪器扩展了装置的测量范围，并将建标时撰写的《计量标准技术报告》作为申请复查的资料上报。

案例分析 依据《考核规范》第 4.5.3.1 条的规定：“已建计量标准，如果计量标准器及主要配套设备、环境条件及设施、计量检定规程或计量技术规范等发生变化，引起计量标准主要计量特性发生变化时，应当修订《计量标准技术报告》”。本案例中，测力仪标准装置中的计量标准器——测力仪发生了变化，使测力仪标准装置的测量范围扩展宽了，准确度提高了，该计量标准的主要计量特性已经发生变化，这时企业应当重新修订《计量标准技术报告》，并按新建计量标准申请考核。而本案例中企业未对其进行修订，申请复查时，还把开始建标时撰写的《计量标准技术报告》作为资料上报是不对的。

【案例 8】 一个经授权的计量检定机构对外单位送检的计量器具进行计量检定时，发现该计量器具是新开发的多功能测量设备。计量检定机构为了满足用户的需要，自己编制了计量检定规程，经过技术负责人批准后，按编制的计量检定规程执行了检定，并出具了计量检定证书。

案例分析　依据《考核规范》第 4.5.2 条的规定，该计量检定机构自己编制了计量检定规程并出具了计量检定证书的行为不对。作为授权的计量检定机构对外开展计量检定必须严格遵守计量法律法规和授权范围的约束，不能为了满足用户的需要，使用自己编制的计量检定规程开展计量检定工作。

第三章　计量标准考核的程序

第一节　概　述

计量标准考核是国家行政许可项目，其行政许可项目的名称为“计量标准器具核准”。计量标准器具核准行政许可实行分级许可，即由国务院计量行政部门和省、市（地）及县级地方人民政府计量行政部门对其职责范围内的计量标准实施行政许可。其行政许可事项应当按照《行政许可法》的要求和规定的程序办理。

1. 申请

建标单位填写《计量标准考核（复查）申请书》，按照计量标准考核和行政许可的有关要求，准备相关的技术资料。并将申请书及有关资料提交主持考核的人民政府计量行政部门申请计量标准考核。

2. 受理

主持考核的人民政府计量行政部门收到申请资料后，应当对申请资料进行初审。申请资料齐全并符合要求的，受理申请，发送受理决定书。申请资料不符合要求的，按照如下规定进行处理：可以立即更正的，应当允许建标单位更正，更正后符合《考核规范》要求的，受理申请；申请资料不齐全或不符合要求的，应当在5个工作日内一次告知建标单位需要补正的全部内容，发送补正告知书，经补正符合要求的予以受理，逾期未告知的，视为受理；申请不属于受理范围的，发送不予受理决定书，并将有关申请资料退回建标单位。

3. 组织

主持考核的人民政府计量行政部门受理考核申请后，应当确定组织考核的人民政府计量行政部门。组织考核的人民政府计量行政部门应当及时组织计量标准考核并下达考核计划，计量标准考核的组织工作应当在10个工作日内完成。

4. 考评

考核计划下达后，组织考核的人民政府计量行政部门应当及时将申请资料发送至考评单位或考评组。考评单位或考评组安排考评员按照《考核规范》执行考评任务，并给出考评结论和意见。考评单位或考评组组长以及组织考核的人民政府计量行政部门对考评结果进行复核，并将复核完毕的考核材料报送主持考核的人民政府计量行政部门审批。计量标准的考评应当在80个工作日内（包括整改时间及考评结果复核时间、审核时间）完成。

5. 审批（包括发证）

主持考核的人民政府计量行政部门根据考评结论和意见及组织考核的人民政府计量行政部门复核结果，对考评结果进行审核，并在20个工作日内做出批准与否的决定。

主持考核的人民政府计量行政部门根据批准的决定，在10个工作日内，对于审批合格的，发送准予行政许可决定书，签发《计量标准考核证书》；对于审批不合格的，发送不予行政许可决定书或计量标准考核结果通知书，并将申请资料退回建标单位。

第二节　计量标准考核的申请

一、申请计量标准考核前的准备

（一）规范条文

5　计量标准考核的程序

5.1　计量标准考核的申请

5.1.1　申请考核前的准备

5.1.1.1　申请新建计量标准考核，建标单位应当按本规范第 4 章的要求进行准备，并完成以下工作：

1)科学合理、完整齐全地配置计量标准器及配套设备；

2)计量标准器及主要配套设备应当取得有效的检定或校准证书；

3)计量标准应当经过试运行，考察计量标准的稳定性等计量特性，并确认其符合要求；

4)环境条件及设施应当符合计量检定规程或计量技术规范规定的要求，并对环境条件进行有效监控；

5)每个项目配备至少两名具有相应能力的检定或校准人员，并指定一名计量标准负责人；

6)建立计量标准的文件集。文件集中的计量标准的稳定性考核、检定或校准结果的重复性试验、检定或校准结果的不确定度评定以及检定或校准结果的验证等内容应当符合附录 C 的有关要求。

注：对于研制或改造的计量标准，应当经过技术鉴定或验收后方可申请考核。

5.1.1.2　申请计量标准复查考核，建标单位应当确认计量标准持续处于正常工作状态，并完成以下工作：

1)保证计量标准器及主要配套设备的连续、有效溯源；

2)按规定进行检定或校准结果的重复性试验；

3)按规定进行计量标准的稳定性考核；

4)及时更新计量标准文件集中的有关文件。

（二）理解要点

(1)计量标准考核分为新建计量标准考核和计量标准复查考核，两者需要做的前期准备工作是不一样的。

(2)申请新建计量标准考核的单位，在提交《计量标准考核（复查）申请书》之前，须按照《考核规范》规定的 6 个方面要求做好前期准备工作，这些准备工作是申请计量标准考核的必要条件。

① 建标单位应当根据相应计量检定规程或计量技术规范的要求，配齐计量标准器及配套设备，包括必需的计算机及软件。配置应当做到科学合理，经济实用。

② 计量标准器及主要配套设备应当溯源至计量基准或社会公用计量标准。对于社会公用计量标准及部门、企事业单位的最高计量标准，其计量标准器应当经法定计量检定机构或人民政府计量行政部门授权的计量技术机构建立的社会公用计量标准检定合格或校准来保证其溯源性。主要配套计量设备可由本单位建立的计量标准或由有权进行计量检定或校准的计量技术机构检定合格或校准，并取得有效检定或校准证书。

注：在计量标准考核中，计量标准器是指在量值传递中对提供量值起主要作用并需要溯源的那些计量器具，有时也称为主标准器。

③ 新建计量标准应当经过试运行，考察计量标准的稳定性等计量特性。试运行时间一般在半年左右。在此期间进行计量标准的稳定性考核和检定或校准结果的重复性试验。具体方法按照《考核规范》附录 C 的要求进行。

④ 计量标准的环境条件应当满足相应计量检定规程或计量技术规范的要求，并具有有效的监控措施和相应的记录。

⑤ 建标单位应当为每项计量标准配备至少两名具有相应能力，并满足有关计量法律法规要求的检定或校准人员，并指定一名计量标准负责人。

⑥ 每项计量标准应当建立一个文件集，文件集包括了 18 个方面的文件。建标单位应当保持文件的完整性、真实性、正确性和有效性。建标单位应当完成《计量标准考核（复查）申请书》和《计量标准技术报告》的填写。《计量标准技术报告》中计量标准的稳定性考核、检定或校准结果的重复性试验、测量不确定度评定以及检定或校准结果的验证等内容的填写应当符合《考核规范》附录 C 的有关要求。

⑦ 对于新研制或重新改造后的计量标准，应当经过技术鉴定或验收，必要时应当进行量值溯源，符合要求后方可申请计量标准考核。

（3）申请计量标准复查考核的单位，应当按照《考核规范》规定的 4 个方面要求做好计量标准日常维护工作，保证计量标准始终处于正常工作状态。

建标单位在《计量标准考核证书》有效期内应当有计划地进行连续、有效的溯源，进行重复性试验和稳定性考核，并积极参加由主持考核的人民政府计量行政部门组织或其认可的实验室之间的比对等测量能力的验证活动，妥善保存有关测量数据及技术资料。通过这些技术保障，使计量标准能持续维持在良好的运行状态，并为计量标准复查考核提供技术依据。

① 在《计量标准考核证书》有效期内应当保证计量标准器和主要配套设备的连续、有效溯源。

② 计量标准在运行中应当定期进行检定或校准结果的重复性试验并保存相关数据。检定或校准结果的重复性试验至少每年进行一次，其方法参见《考核规范》附录 C. 1 的要求。

③ 计量标准在运行中应当定期进行计量标准稳定性考核并保存相关数据。稳定性考核至少每年进行一次，其方法参见《考核规范》附录 C. 2 的要求。

④ 及时更新计量标准文件集中的有关文件。

二、申请资料的提交

(一)规范条文

5.1.2 申请资料的提交

5.1.2.1 申请新建计量标准考核,建标单位应当向主持考核的人民政府计量行政部门提供以下资料:

1)《计量标准考核(复查)申请书》原件一式两份和电子版一份;

2)《计量标准技术报告》原件一份;

3)计量标准器及主要配套设备有效的检定或校准证书复印件一套;

4)开展检定或校准项目的原始记录及相应的模拟检定或校准证书复印件两套;

5)检定或校准人员能力证明复印件一套;

6)可以证明计量标准具有相应测量能力的其他技术资料(如果适用)复印件一套。

5.1.2.2 申请计量标准复查考核,建标单位应当在《计量标准考核证书》有效期届满前6个月向主持考核的人民政府计量行政部门提出申请,并向主持考核的人民政府计量行政部门提供以下资料:

1)《计量标准考核(复查)申请书》原件一式两份和电子版一份;

2)《计量标准考核证书》原件一份;

3)《计量标准技术报告》原件一份;

4)《计量标准考核证书》有效期内计量标准器及主要配套设备连续、有效的检定或校准证书复印件一套;

5)随机抽取该计量标准近期开展检定或校准工作的原始记录及相应的检定或校准证书复印件两套;

6)《计量标准考核证书》有效期内连续的《检定或校准结果的重复性试验记录》复印件一套;

7)《计量标准考核证书》有效期内连续的《计量标准的稳定性考核记录》复印件一套;

8) 检定或校准人员能力证明复印件一套;

9)《计量标准更换申报表》(如果适用)复印件一份;

10)《计量标准封存(或撤销)申报表》(如果适用)复印件一份;

11)可以证明计量标准具有相应测量能力的其他技术资料(如果适用)复印件一套。

(二)理解要点

(1)申请计量标准考核的规定

《中华人民共和国计量法》第六、七、八条,《计量法实施细则》第八、九、十条以及《计量标准考核办法》对下述4类不同情况计量标准的考核申请做出了规定。

① 国务院计量行政部门组织建立的社会公用计量标准以及省级人民政府计量行政部门组织建立的本行政区域内最高等级的社会公用计量标准,应当向国务院计量行政部门申请考核。市(地)、县级人民政府计量行政部门组织建立的本行政区域内各项最高等级的社会公用计量标

准，应当向上一级人民政府计量行政部门申请考核；各级地方人民政府计量行政部门组织建立的其他等级的社会公用计量标准，应当向组织建立计量标准的人民政府计量行政部门申请考核。即县级以上人民政府计量行政部门建立的本行政区域内的各项最高等级的社会公用计量标准，应当向上一级人民政府计量行政部门申请考核；其他等级的社会公用计量标准，应当向当地人民政府计量行政部门申请考核。

注：

1　社会公用计量标准是指经过人民政府计量行政部门考核、批准，在社会上实施计量监督具有公证作用的计量标准。

2　最高等级的社会公用计量标准作为统一本地区量值的依据，必须经上级人民政府计量行政部门考核合格才能使用。

3　其他等级的社会公用计量标准即次级社会公用计量标准应向当地人民政府计量行政部门申请考核。

② 国务院有关主管部门和省、自治区、直辖市人民政府有关主管部门组织建立本部门的各项最高计量标准，应当向同级人民政府计量行政部门申请考核。

——国务院有关主管部门是指国务院下属的部级有关行业主管部门；省、自治区、直辖市人民政府有关主管部门是指省、自治区、直辖市人民政府下属的厅(局)级有关行业主管部门。

——国务院有关主管部门建立的本部门的各项最高计量标准应当向国务院计量行政部门申请考核；省级人民政府有关主管部门建立本部门的各项最高计量标准，应当向省级人民政府计量行政部门申请考核。

注：

1　国务院有关主管部门建立本部门的各项最高计量标准，须经同级人民政府计量行政部门主持考核合格后，才能在本部门内部开展计量检定。

2　省级以上人民政府有关主管部门根据本部门的特殊需要建立的各项最高计量标准，在本部门内使用，作为统一本部门量值的依据。

③ 企业、事业单位建立的本单位的各项最高计量标准，应当向与其主管部门同级的人民政府计量行政部门申请考核。

——有主管部门的企业、事业单位的计量标准，无论是用于检定还是校准，其各项最高计量标准，都应当经与其主管部门同级的人民政府计量行政部门主持考核合格后，才能开展检定或校准工作。

——无主管部门的企业单位建立的本单位内部使用的各项最高计量标准，应当向该单位工商注册地的人民政府计量行政部门申请考核。民营、私营和三资企业单位一般都属于无主管部门的单位，这些单位在建立计量标准时，其各项最高计量标准应当向本单位工商注册地所在地的人民政府计量行政部门申请考核。

④ 承担人民政府计量行政部门计量授权任务的单位建立的相关计量标准，应当向授权的人民政府计量行政部门申请考核。

——对社会开展强制检定、非强制检定或对内部执行强制检定应当按照《计量授权管理办法》的规定向有关人民政府计量行政部门申请计量授权。其计量标准应当向受理计量授权的人民政府计量行政部门申请考核。

注：计量授权是指县级以上人民政府计量行政部门依法授权予其他部门或单位的计量检定机构或技术机构，执行计量法规定的强制检定和其他检定、测试任务。

(2)申请新建计量标准考核的单位，应当向主持考核的人民政府计量行政部门提交以下6个方面的资料：

①《计量标准考核(复查)申请书》原件一式两份和电子版一份。申请书的所有栏目应当详尽填写，其填写方法详见本书第六章第一节“《计量标准考核(复查)申请书》的填写与使用说明”。原件应当在“建标单位意见”和“建标单位主管部门意见”栏目加盖公章，电子版的内容应当与原件一致。

②《计量标准技术报告》原件一份。其填写方法详见本书第六章第二节“《计量标准技术报告》的填写与使用说明”。

③ 计量标准器及主要配套设备的有效检定证书复印件各一份。关于“计量标准器及主要配套设备有效检定证书”的理解详见《考核规范》4.1.3条款。

④ 开展检定项目的原始记录及相对应的模拟检定证书各两套(复印件)，如开展校准，应当提交开展校准项目的原始记录和模拟校准证书各两套(复印件)。

⑤ 提供《计量标准考核(复查)申请书》中列出的所有检定或校准人员能力证明复印件一套。

⑥ 如果有可以证明计量标准具有相应测量能力的其他技术资料，建标单位也应当提供。证明计量标准具有相应测量能力的其他技术资料包括：检定或校准结果的测量不确定度评定报告、计量比对报告、研制或改造计量标准的技术鉴定或验收资料等。

(3)申请新建计量标准考核的单位除了提交上述6个方面的资料外，还需要注意以下两点：

① 如采用国家计量检定规程或国家计量校准规范以外的技术规范，应当提供相应技术规范文件原件一套。

② 在《计量标准技术报告》的“检定或校准结果的重复性试验”和“计量标准的稳定性考核”中提供《检定或校准结果的重复性试验记录》和《计量标准的稳定性考核记录》。

(4)建标单位应当在《计量标准考核证书》有效期届满前6个月向主持考核的人民政府计量行政部门提出计量标准复查考核申请。未按规定期限提交复查考核申请，建标单位应当承担不能按期考核、计量标准超过有效期使用、不具备法律效力的责任；超过《计量标准考核证书》有效期的，建标单位应当按照新建计量标准重新申请考核。

(5)申请计量标准复查考核的单位，应当向主持考核的人民政府计量行政部门提供以下11个方面的资料：

①《计量标准考核(复查)申请书》原件一式两份和电子版一份。申请书的所有栏目应详尽填写，其填写方法详见“《计量标准考核(复查)申请书》的填写与使用说明”。原件应当在“建标单位意见”和“建标单位主管部门意见”栏目加盖公章，电子版的内容应当与原件一致。

② 申请计量标准复查考核应当交回《计量标准考核证书》的原件。

③《计量标准技术报告》原件一份，其填写方法详见本书第六章第二节“《计量标准技术报告》的填写与使用说明”。

④《计量标准考核证书》有效期内计量标准器及主要配套设备的连续、有效的检定或校准证书复印件一套，“连续”是指计量标准自上一次考核以来计量标准器及主要配套设备历年的所有检定或校准证书，有效期要保持连续，不应中断。

⑤ 随机抽取的该计量标准近期开展检定或校准的原始记录和相应检定或校准证书复印件两套。

⑥《计量标准考核证书》有效期内连续的《检定或校准结果的重复性试验记录》复印件一套(建标单位每年至少进行一次检定或校准结果的重复性试验)。

⑦《计量标准考核证书》有效期内连续的《计量标准的稳定性考核记录》复印件一套(建标单位每年应当至少进行一次稳定性考核)。

⑧ 检定或校准人员能力证明复印件一套。

⑨ 在《计量标准考核证书》有效期内计量标准器或主要配套设备如有更换,申请计量标准复查考核时应当提供《计量标准更换申报表》复印件一份。同时"计量标准考核(复查)申请书"中的计量标准器及主要配套设备按更换后填写。《计量标准更换申报表》填写方法详见本书第六章第六节"《计量标准更换申报表》的填写与使用说明"。

⑩ 如果在《计量标准考核证书》有效期内发生了封存(或撤销),申请计量标准复查考核时应当提供计量标准封存(或撤销)申报表复印件一份。

⑪ 申请计量标准复查考核时还应提供其他可以证明计量标准具有相应测量能力的技术资料。

第三节　计量标准考核的受理

(一)规范条文

5.2　计量标准考核的受理

主持考核的人民政府计量行政部门收到建标单位申请考核的资料后,应当对资料进行初审,确定是否受理。

初审的内容主要包括:

1)申请考核的计量标准是否属于受理范围;

2)申请资料是否齐全,内容是否完整,所用表格是否采用本规范规定的格式;

3)计量标准器及主要配套设备是否具有有效的检定或校准证书;

4)开展的检定或校准项目是否具有计量检定规程或计量技术规范;

5)是否配备至少两名具有相应能力的检定或校准人员。

申请资料齐全并符合本规范要求的,受理申请,发送受理决定书。

申请资料不符合本规范要求的:

1)可以立即更正的,应当允许建标单位更正。更正后符合本规范要求的,受理申请,发送受理决定书。

2)申请资料不齐全或不符合本规范要求的,应当在5个工作日内一次告知建标单位需要补正的全部内容,经补充符合要求的予以受理;逾期未告知的,视为受理。

3)不属于受理范围的,发送不予受理决定书,并将有关申请资料退回建标单位。

（二）理解要点

1. 初审是一种形式审查

（1）受理考核申请的人民政府计量行政部门应当对建标单位申报的技术资料进行审查，称作“初审”。初审是一种形式审查，初审的主要内容是检查申报的资料是否齐全、完整和规范，是否符合考核的基本要求，其目的是确定是否受理该计量标准考核的申请。

2. 初审的主要内容

初审的主要内容有如下五项：

申请考核的计量标准是否属于受理范围。申请建立的计量标准是否符合国家计量法律、法规及《考核规范》的有关规定，是否属于本级人民政府计量行政部门的受理范围。

（2）建标单位提供的技术资料是否齐全、完整和规范。齐全”是指提交的申请材料种类、数量与要求应当相符；“完整”是指申报的每一份技术资料均应当按要求填写，所有表格均应当填写完整，表格各栏目填写内容详见本书第六章“计量标准考核用表用证的填写与使用说明”；“规范”是指申报的技术资料所用表格应当符合《考核规范》附录中规定的格式。

对于建标单位提交的《计量标准考核（复查）申请书》和《计量标准技术报告》的内容是否完整并符合《考核规范》的规定，初审要求如下：

① 所有栏目是否均按照填写要求详尽填写；

② “建标单位意见”栏目中建标单位是否签署意见并加盖单位公章；

③ 有主管部门的建标单位，“建标单位主管部门意见”栏目中主管部门是否明确意见并加盖公章。

注：《计量标准考核（复查）申请书》各栏目的填写要求，详见本书第六章第一节《计量标准考核（复查）申请书》的填写与使用说明。

（3）计量标准器的检定或校准证书是否是国家法定计量检定机构或授权计量技术机构出具的有效期内的检定或校准证书，主要配套计量设备是否具有有效检定或校准证书。

（4）拟开展的检定或校准项目，是否具有相对应的有效计量检定规程或计量技术规范。

（5）审查建标单位是否有至少两名具有相应能力的检定或校准人员。“具有相应能力”的含义参见本书第二章第四节。

3. 初审结果的处理

（1）申请资料符合《考核规范》要求的处理

申请资料齐全并符合《考核规范》要求的，受理申请，发送《行政许可受理决定书》（参考格式见本书附录 8.1）。

（2）申请资料不符合《考核规范》要求的处理

① 可以立即更正的，应当允许申请人更正。更正后符合《考核规范》要求的，受理申请，发送《行政许可受理决定书》。

② 申请资料不齐全或不符合《考核规范》要求的，应当在 5 个工作日内一次告知申请人需要补正的全部内容，发送《行政许可申请材料补正告知书》（参考格式见本书附录 8.2），经补正符合要求的予以受理。逾期未告知的，视为受理。

③ 申请不属于受理范围的，发送《行政许可申请不予受理决定书》（参考格式见本书附录 8.3），

并将有关申请资料退回建标单位。

第四节　计量标准考核的组织与实施

一、计量标准考核的组织

（一）规范条文

5.3　计量标准考核的组织与实施

5.3.1　主持考核的人民政府计量行政部门受理考核申请后，应当及时确定组织考核的人民政府计量行政部门。主持考核的人民政府计量行政部门所辖区域内的计量技术机构具有与被考核计量标准相同或更高等级的计量标准，并有该项目的计量标准考评员（以下简称考评员）的，应当自行组织考核；不具备上述条件的，应当报上一级人民政府计量行政部门组织考核。

5.3.2　组织考核的人民政府计量行政部门应当及时委托具有相应能力的单位（即考评单位）或组成考评组承担计量标准考核的考评任务，并下达计量标准考核计划。计量标准考核的组织工作应当在10个工作日内完成。

（二）理解要点

本条明确了计量标准考核的组织原则和实施要求。按照我国计量法律、法规的规定，主持考核的人民政府计量行政部门有国家、省级、市（地）及县四级。

（1）主持考核的人民政府计量行政部门根据申报计量标准的准确度等级组织考核。有考核能力的应当自行组织考核；不具备考核能力的，应当报上一级人民政府计量行政部门组织考核。因此要求主持考核的人民政府计量行政部门在初审工作完成后，还要根据申请考核的计量标准的准确度等级，以及本地区的考评能力确定组织考核的人民政府计量行政部门。具体实施如下：

① 如主持考核的人民政府计量行政部门所辖区域内的计量技术机构具有与被考核的计量标准相同或更高等级的计量标准，并有该项目的持证计量标准考评员，主持考核的人民政府计量行政部门应当自行组织考核，考核合格的签发《计量标准考核证书》。

② 如主持考核的人民政府计量行政部门所辖区域内的计量技术机构没有相应的计量标准考评员或没有相应的计量标准，也就是说不具备对申请考核的计量标准进行考评的能力，该项目应当呈报上一级人民政府计量行政部门组织考核，考核合格后由主持考核的人民政府计量行政部门签发《计量标准考核证书》。

注：如果上一级人民政府计量行政部门也不具备考核能力，应当逐级上报。

（2）组织考核的人民政府计量行政部门应当制定考核计划，把考评任务以下达计量标准考评任务书的方式委派给具有相应能力的单位或考评组承担考评任务。此处“具有相应能力的单位”即考评单位，是指有能力承担并完成考评任务的计量技术机构，该单位应当具有与被考核的计量标准相同或更高级的计量标准并有相应项目的持证计量标准考评员。通常情况下，计量标准考核由组织考核的人民政府计量行政部门委派给有能力的计量检定机构或有关的计量技术机构承担，或由组织考核的人民政府计量行政部门根据需要聘请计量标准考评员，组成考评组执行考评任务。

(3)主持考核的人民政府计量行政部门应当将组织考核的人民政府计量行政部门、考评单位以及考核计划等考核相关事宜告知建标单位，以便建标单位做好考评前的准备工作。为了和建标单位沟通以及是否启动实行考评员回避制度，必要时，主持考核的人民政府计量行政部门也可征询建标单位意见后再确定考核计划。如果是现场考评，考评组组长确定考评日期时应当同建标单位联系(如果是一个考评员承担考评，就由考评员与建标单位联系)，共同协商具体的考评事宜。

(4)计量标准考核的组织工作应当在10个工作日内完成。

二、考评员的聘请及考评组的组成

(一)规范条文

5.3.3　考评员的聘请及考评组的组成

计量标准考评实行考评员负责制，每项计量标准一般由1至2名考评员执行考评任务。

组织考核的人民政府计量行政部门一般聘用本行政区内的考评员执行考评任务，需要跨行政区域聘用考评员的，聘用时应当通过考评员所在地的人民政府计量行政部门认可。安排考评任务时，委托考评项目应当与考评员所取得的考评项目一致。如果考评员所持考评项目不足以覆盖被考评项目，组织考核的人民政府计量行政部门可以聘请有关技术专家和相近专业项目的考评员组成考评组执行考评任务。

考评单位应当根据有关人民政府计量行政部门下达的计量标准考核计划，聘请本单位的考评员执行考评任务。

如果是现场考评，组织考核的人民政府计量行政部门或考评单位应当组成考评组，并指派其中1名考评员担任考评组组长。

(二)理解要点

(1)考评员的聘用原则。计量标准考核实行考评员考评制度，这是计量标准考核的基本原则之一。每项计量标准一般由1至2名考评员执行考评任务。

国务院计量行政部门在主持考核聘用考评员时，原则上应当聘用国家计量标准一级考评员。国务院计量行政部门在下达计量标准考核计划给考评单位后，由考评单位根据考核计划聘用本单位的国家计量标准一级考评员执行考评任务。

省级及以下各级人民政府计量行政部门在组织考核时，可聘用本行政区内的国家计量标准一级或二级考评员执行考评任务。考评单位根据有关人民政府计量行政部门下达的计量标准考核计划聘用本单位的国家计量标准一级或二级考评员执行考评任务。

注：计量标准考评员是指经省级以上人民政府计量行政部门培训考核合格并备案，具有承担计量标准考评资格的计量技术专家。

(2)跨行政区域聘用考评员一般适用于执行次级计量标准的考评。如果需要跨行政区域聘用考评员执行考评任务时，组织考核的人民政府计量行政部门应当与考评员所在地的省级人民政府计量行政部门协商后聘用。

(3)聘用计量标准考评员时，其考评项目应当与考评员所取得的考评项目相同。如果考评员所取得的考评项目不足以覆盖被考评项目时，组织考核的人民政府计量行政部门可聘请有关技术专家和相近专业项目的考评员组成考评组共同执行考评任务。

(4)考评单位应当根据有关人民政府计量行政部门下达的计量标准考评任务，聘请本单位的考评员承担考评工作，如果个别项目本单位的考评员不能覆盖时，考评单位应当向组织考核的人民政府计量行政部门及时反映，并由组织考核的人民政府计量行政部门聘用其他单位的考评员执行考评任务。

(5)如果现场考评的考评员为 2 名或 2 名以上时，组织考核的人民政府计量行政部门或考评单位应当组成考评组，并指派其中一名考评员担任考评组组长。如果只有 1 名考评员，则就由该名考评员负责整个考评工作。

(6)考评员的职责：

① 忠于职守、科学公正、坚持原则；

② 严格按照确认范围从事考评工作；

③ 严格按照计量标准考核规范要求开展计量标准考评工作；

④ 对考评项目的考评结果负责；

⑤ 保守建标单位的技术秘密；

⑥ 接受建标单位、考评单位和主持及组织人民政府计量行政部门的监督。

三、计量标准的考评

(一)规范条文

> **5.3.4　考评组及考评员应当按照本规范第 6 章的要求实施考评。**

(二)理解要点

(1)计量标准的考评是计量标准考核的技术审查环节。

(2)计量标准的考评由考评组及考评员负责实施。

(3)考评组或考评员实施考评应当按照《考核规范》第 6 章的要求进行。

第五节　计量标准考核的审批

(一)规范条文

> **5.4　计量标准考核的审批**
>
> 主持考核的人民政府计量行政部门对组织考核的人民政府计量行政部门、考评单位或

考评组上报的考评资料及考评员的考评结果进行审核，批准考核合格的计量标准，确认考核不合格的计量标准。审批工作一般应当在 20 个工作日内完成。

主持考核的人民政府计量行政部门应当根据审批结果，在 10 个工作日内，向考核合格的建标单位下达准予行政许可决定书，颁发《计量标准考核证书》，退回《计量标准考核（复查）申请书》和《计量标准技术报告》原件各一份；向考核不合格的建标单位发送不予行政许可决定书或计量标准考核结果通知书，将有关资料退回建标单位；主持考核的人民政府计量行政部门应当保留《计量标准考核（复查）申请书》和《计量标准考核报告》（见附录 J）各一份存档。

《计量标准考核证书》的有效期为 4 年。

（二）理解要点

（1）主持考核的人民政府计量行政部门对考评单位或考评组上报的《计量标准考核报告》等考核材料进行审核。审核的重点为：

① 计量标准的技术指标满足量值传递工作的需要；

② 开展的检定或校准项目栏填写正确；

③ 考评意见明确，有考评员的签字；

④ 考评单位意见明确，有负责人签字并加盖公章。

（2）考核合格的，由主持考核的人民政府计量行政部门发给建标单位《准予行政许可决定书》（参考格式见附录 8.4），并签发《计量标准考核证书》。

（3）考核不合格的，由主持考核的人民政府计量行政部门向建标单位发送《不予行政许可决定书》（参考格式见附录 8.5）或计量标准考核结果通知书，说明其不合格的主要原因，并退回有关申请资料。

（4）计量标准考核的审批时间为 20 个工作日。主持考核的人民政府计量行政部门应当在 20 个工作日内完成计量标准考核的审批工作。

（5）计量标准考核的发证时间为 10 个工作日。主持考核的人民政府计量行政部门应当在 10 个工作日内完成《计量标准考核证书》的签发。

（6）《计量标准考核证书》的有效期为 4 年。例如：发证时间为 2014 年 2 月 10 日，有效期至 2018 年 2 月 9 日。

第四章　计量标准的考评

第一节　计量标准的考评方式、内容和要求

(一)规范条文

> **6　计量标准的考评**
>
> **6.1　计量标准的考评方式、内容和要求**
>
> 计量标准的考评分为书面审查和现场考评。新建计量标准的考评首先进行书面审查，如果基本符合条件，再进行现场考评；复查计量标准的考评一般采用书面审查的方式来判断计量标准的测量能力，如果建标单位提供的申请资料不能证明计量标准能够保持相应测量能力，应当安排现场考评；对于同一个建标单位同时申请多项计量标准复查考核的，在书面审查的基础上，可以采用抽查的方式进行现场考评。
>
> 计量标准的考评内容包括计量标准器及配套设备、计量标准的主要计量特性、环境条件及设施、人员、文件集以及计量标准测量能力的确认等6个方面共30项要求(见附录J《计量标准考核报告》中的“计量标准考评表”)。其中重点考评项目(带*号的项目)有10项；书面审查项目(带△号的项目)有20项；可以简化考评项目(带○号的项目)有4项。考评时，如果有重点考评项目不符合要求，则为考评不合格；如果重点考评项目有缺陷，或其他项目不符合或有缺陷时，则可以限期整改，整改时间一般不超过15个工作日。超过整改期限仍未改正者，视为考评不合格。
>
> 计量标准的考评应当在80个工作日内(包括整改时间及考评结果复核、审核时间)完成。
>
> 注：对于仅用于开展计量检定，并列入《简化考核的计量标准项目目录》(见附录N)中的计量标准，其稳定性考核、检定结果的重复性试验、检定结果的测量不确定度评定以及检定结果的验证等4个项目可以免于考评。

(二)理解要点

1. 计量标准考核的原则和方式

计量标准考核坚持逐项考评的原则。

计量标准的考评方式有书面审查、现场考评等两种方式。新建计量标准的考核采用书面审查和现场考评相结合的方式：考评员接受任务后，首先进行书面审查，基本符合条件的，再进行现场考评。计量标准的复查考核一般采用书面审查，当建标单位所提供的技术资料不能证明计量标准具有相应的测量能力，或计量检定规程或计量技术规范发生变更时，其技术要求或方法发生实质性变化，以及计量标准的环境条件及设施发生重大变化可能影响计量标准计量特性的保持时，应当进行现场考评；对于一个单位多项计量标准同时进行复查考核的，在书面审查的基

础上，可以采用现场抽查的方式安排现场考评。

2. 计量标准的考评内容

计量标准的考评内容包括计量标准器及配套设备、计量标准的主要计量特性、环境条件及设施、人员、文件集及计量标准测量能力的确认等 6 个方面共 30 项要求，具体内容见《考核规范》附录 J 中的“计量标准考评表”。其中重点考评项目（带“＊”号的项目）有 10 项；书面审查项目（带“△”号的项目）有 20 项；可以简化的考评项目（带“○”号的项目）有 4 项。

3. 重点考评项目

凡属于法律、法规对计量标准要求以及对计量标准测量能力有重要影响的项目，在规范中将其列入重点考评的项目，在计量标准的考评中应当予以高度重视，并严格遵照执行。考评时，如果有重点考评项目不符合要求，则为考评不合格。重点考评项目有缺陷时，可以限期整改。重点考评项目有如下 10 项：计量标准器及配套设备的配置、计量标准器及主要配套设备的计量特性、计量标准的溯源性、计量标准的稳定性、环境条件、检定或校准人员、计量检定规程或计量技术规范、检定或校准结果的测量不确定度评定、现场实验中的检定或校准方法以及检定或校准结果。

4. 书面审查项目

凡是可以通过查阅建标单位所提供的申请资料确认计量标准是否符合规范要求的项目列入书面审查项目。所有计量标准的考评都要进行书面审查。书面审查项目见《考核规范》附录 J 中的“计量标准考评表”中带“△”号的项目，共计有 20 项。书面审查中的重点考评项目有 6 项。包括计量标准器及配套设备的配置、计量标准器及主要配套设备的计量特性、计量标准的溯源性、计量标准的稳定性、检定或校准人员以及检定或校准结果的测量不确定度评定。

5. 允许简化考评的项目

对于仅用于开展计量检定，并列入《简化考核的计量标准项目目录》中的计量标准（见附录 N），其稳定性考核、检定结果的重复性试验、检定结果的测量不确定度评定以及检定结果的验证等 4 个项目（带“○”号的项目）可以免于考评。国家质量监督检验检疫总局已经发布了两批《简化考核的计量标准目录》。在计量标准考评时，考评员对于计量标准的稳定性考核、检定结果的重复性试验、检定结果的测量不确定度评定以及检定结果的验证等 4 个项目，可以免于考评。

6. 考评判定标准

考评时，如果有重点考评项目（带“＊”号的项目）不符合要求，则为考评不合格；重点考评项目有缺陷，或其他项目不符合或有缺陷时，可以限期整改，整改时间一般不超过 15 个工作日。超过整改期限仍未改正到位者，视为考评不合格。

7. 计量标准的考评时间

计量标准的考评时间为 80 个工作日（包括整改时间及考评结果复核时间、审核时间）。考评员应当保质保量按时完成考评任务，如果遇到特殊情况无法完成考评，考评员应当在《计量标准考核报告》“需要说明的内容”中说明情况，并及时将建标单位的申请资料交回组织考核的人民政府计量行政部门。

第二节　书面审查

一、书面审查的要求

（一）规范条文

> **6.2　计量标准的考评方法**
>
> **6.2.1　书面审查**
>
> 6.2.1.1　书面审查是考评员通过查阅建标单位提供的资料，确认所建计量标准是否满足法制和技术的要求，是否符合有关考核要求，并具有相应测量能力。如果考评员对建标单位提供的资料存有疑问时，应当与建标单位进行沟通。

（二）理解要点

书面审查是考评员通过查阅建标单位所提供的申请资料，对所建计量标准是否满足法制和技术的要求等内容进行书面审查。审查的目的是确认其计量标准是否符合考核要求，并具有相应测量能力。如果考评员认为建标单位所提供的申请资料不能够证明其计量标准符合考核要求，或不具有相应测量能力或存在其他疑问时，考评员应当及时与建标单位进行沟通，索取相关证明材料。

二、书面审查的内容

（一）规范条文

> 6.2.1.2　书面审查的内容见“计量标准考评表”带“△”的项目。重点审查的内容为：
>
> 1)计量标准器及主要配套设备的配置是否完整齐全，是否符合计量检定规程或计量技术规范的要求，并满足开展检定或校准工作的需要；
>
> 2)计量标准的溯源性是否符合规定要求，计量标准器及主要配套设备是否具有有效的检定或校准证书；
>
> 3)计量标准的主要计量特性是否符合要求；
>
> 4)是否采用有效的计量检定规程或计量技术规范；
>
> 5)原始记录、数据处理以及检定或校准证书是否符合要求；
>
> 6)《计量标准技术报告》填写内容是否齐全、正确，并及时更新，重点关注计量标准的稳定性考核、检定或校准结果的重复性试验、检定或校准结果的不确定度评定以及检定或校准结果的验证等内容是否符合要求；
>
> 7)是否配备至少两名本项目具有相应能力的检定或校准人员；
>
> 8)计量标准具有相应测量能力的其他技术资料是否符合要求。

（二）理解要点

（1）考评员在接到考评任务后，首先应当对建标单位的申请资料进行仔细的审查核对。审核的重点主要是确认申请资料中填写的内容是否完整、正确，是否符合规定并满足考核规范的要求。通过建标单位提供的原始记录、稳定性、重复性、检定或校准结果的测量不确定度评定以及检定或校准结果的验证等资料和数据，判断其是否具有相应的测量能力。

（2）书面审查的内容是《考核规范》附录J中的“计量标准考评表”中带“△”的项目，共20项，其中包括重点考评项目中的6项，即既带“△”又带“＊”号的项目。书面审查时，应当逐项审查带“△”的20项项目，并应当重点审查其中既带“△”又带“＊”号的重点考评项目。

（3）书面审查的重点内容包括如下8个方面：

① 计量标准器及配套设备的配置；

② 计量标准的溯源性及计量标准器及主要配套设备的检定或校准证书；

③ 计量标准的主要计量特性；

④ 计量检定规程或计量技术规范；

⑤ 开展检定或校准项目的原始记录、数据处理、检定或校准证书；

⑥ 计量标准技术报告；

⑦ 检定或校准人员；

⑧ 计量标准具有相应测量能力的其他技术资料。

三、书面审查结果的处理

（一）规范条文

6.2.1.3 对新建计量标准书面审查结果的处理：

1）如果基本符合考核要求，考评组组长或考评员应当与建标单位商定现场考评事宜，并将现场考评的具体时间及有关事宜提前通知建标单位。

2）如果发现某些方面不符合考核要求，考评员应当与建标单位进行交流，必要时，下达“计量标准整改工作单”（格式见附录J）。如果建标单位经过补充、修改、纠正、完善，解决了存在的问题，按时完成了整改工作，则应当安排现场考评；如果建标单位不能在15个工作日内完成整改工作，则考评不合格。

3）如果发现存在重大或难以解决的问题，考评员与建标单位交流后，确认计量标准测量能力不符合考核要求，则考评不合格。

6.2.1.4 对复查计量标准书面审查结果的处理：

1）如果符合考核要求，考评员能够确认计量标准保持相应测量能力，则考评合格。

2）如果发现某些方面不符合考核要求，考评员应当与建标单位进行交流，必要时，下达“计量标准整改工作单”。如果建标单位经过补充、修改、纠正、完善，解决了存在的问题，按时完成了整改工作，考评员能够确认计量标准测量能力符合考核要求，则考评合格；如果建标单位不能在15个工作日内完成整改工作，则考评不合格。

3)如果对计量标准测量能力有疑问，考评员与建标单位交流后仍无法消除疑问，则应当安排现场考评。

4)如果发现存在重大或难以解决的问题，考评员与建标单位交流后，确认计量标准测量能力不符合考核要求，则考评不合格。

（二）理解要点

考评员对建标单位提供的申请资料进行书面审查的结果，通常有以下三种情况：一是建标单位提供的申请资料符合考核要求；二是建标单位提供的申请资料基本符合考核要求，但存有一些问题或不太完善；三是建标单位提供的申请资料存在重大问题或难以解决的问题。

1. 对新建计量标准考核书面审查结果处理的三种方式

(1)基本符合考核要求的，考评员将书面审查情况和现场考评有关事宜报告考评组组长，考评组组长与建标单位协商现场考评事宜，并将确定后的现场考评具体时间及有关要求(包括现场实验的两名检定或校准人员的名单)提前通知建标单位。

注：

1　现场实验的两名检定或校准人员的名单由考评员确定后报告考评组组长，由考评组组长统一通知建标单位。

2　现场实验的两名检定或校准人员应当从《计量标准考核(复查)申请书》中填写的检定或校准的人员中选择。

3　建议优先选择那些从事检定或校准工作时间短、学历低、本项目工作经历少的检定或校准人员进行现场实验。

4　如果是一个考评员承担考评，就由该考评员与建标单位协商并确定现场考评事宜。

(2)存有一些小问题或某些方面不太完善的，考评员应当及时与建标单位交流，必要时，下达“计量标准整改工作单”。如果建标单位经过补充、修改、完善，在15个工作日内解决了存在问题后，考评员将书面审查情况和现场考评有关事宜报告考评组组长，考评组组长将确定后的现场考评具体时间及有关要求提前通知建标单位；如果建标单位不能在15个工作日内完成整改工作，则考评不合格。

(3)存在重大或难以解决的问题的，考评员应当及时与建标单位交流后，确认该计量标准测量能力不符合考核要求的，建标单位不能在短时间内解决有关问题的，考评员确认该计量标准测量能力不符合考核要求，则考评不合格。

对确认考评不合格的项目，考评员应当填写《计量标准考核报告》，在考评结论及意见中填写考评不合格的意见，并在“计量标准考评表”中注明不符合项目及其原因。将《计量标准考核报告》及申请资料交回考评单位或考评组组长。

2. 对计量标准复查考核书面审查结果处理的四种方式

(1)符合考核要求的，则考评合格。考评员填写《计量标准考核报告》后，将《计量标准考核报告》及申请资料交回考评单位或考评组组长。

(2)发现某些方面存在有缺陷，不符合考核要求的，考评员应当及时与建标单位进行交流，必要时，下达“计量标准整改工作单”。如果建标单位经过补充、修改、完善，在15个工作日内完成整改工作的，则考评合格；如果建标单位不能在15个工作日内完成整改工作，则考评不合格。考评员填写《计量标准考核报告》后，将《计量标准考核报告》及申请资料交回考评单位或考评组组长。

(3)对计量标准的检定或校准能力有疑问的,考评员与建标单位交流后仍无法消除疑问,应当安排现场考评。

(4)存在重大或难以解决的问题,考评员与建标单位交流后,确认计量标准的检定或校准能力不符合考核要求,则考评不合格。考评员填写《计量标准考核报告》后,将《计量标准考核报告》及申请资料交回考评单位或考评组组长。

第三节　现场考评

一、现场考评的要求

(一)规范条文

6.2.2　现场考评

6.2.2.1　现场考评是考评员通过现场观察、资料核查、现场实验和现场提问等方法,对计量标准是否符合考核要求进行判断,并对计量标准测量能力进行确认。现场考评以现场实验和现场提问作为考评重点,现场考评的时间一般为1～2天。

(二)理解要点

现场考评是考评员通过现场观察、资料核查、现场实验和现场提问等方法,对计量标准的测量能力进行确认。现场考评以现场实验和现场提问作为考评重点。现场考评的时间一般为1～2天,特殊情况可以根据现场实验的具体情况确定。

二、现场考评的内容及要求

(一)规范条文

6.2.2.2　现场考评的内容为6个方面共30项要求。进行现场考评时,考评员应当按照“计量标准考评表”的内容逐项进行审查和确认。在考评过程中,考评员应当对发现的问题与建标单位有关人员交换意见,确认不符合项或缺陷项,下达“计量标准整改工作单”。

(二)理解要点

(1)计量标准现场考评的内容为“计量标准考评表”中6个方面30项内容,具体见表4-1。

表4-1　计量标准现场考评的内容

6个方面	30项内容
一、计量标准器及配套设备	1. 计量标准器及配套设备的配置
	2. 计量标准器及主要配套设备的计量特性
	3. 计量标准的溯源性

续表

<table>
<tr><th colspan="2">6个方面</th><th>30项内容</th></tr>
<tr><td colspan="2" rowspan="4">二、计量标准的主要计量特性</td><td>1.测量范围</td></tr>
<tr><td>2.不确定度或准确度等级或最大允许误差</td></tr>
<tr><td>3.计量标准的稳定性</td></tr>
<tr><td>4.计量标准的其他计量特性</td></tr>
<tr><td colspan="2" rowspan="3">三、环境条件及设施</td><td>1.环境条件</td></tr>
<tr><td>2.设施的配置</td></tr>
<tr><td>3.环境条件监控</td></tr>
<tr><td colspan="2" rowspan="2">四、人员</td><td>1.计量标准负责人</td></tr>
<tr><td>2.检定或校准人员</td></tr>
<tr><td rowspan="14">五、文件集</td><td>(一)文件集的管理</td><td>1.文件集的管理</td></tr>
<tr><td>(二)计量检定规程或计量技术规范</td><td>2.计量检定规程或计量技术规范</td></tr>
<tr><td rowspan="7">(三)计量标准技术报告</td><td>3.计量标准技术报告总体要求</td></tr>
<tr><td>4.计量标准器及主要配套设备信息的填写</td></tr>
<tr><td>5.计量标准的主要技术指标及环境条件的填写</td></tr>
<tr><td>6.计量标准的量值溯源和传递框图</td></tr>
<tr><td>7.检定或校准结果的重复性试验</td></tr>
<tr><td>8.检定或校准结果的不确定度评定</td></tr>
<tr><td>9.检定或校准结果的验证</td></tr>
<tr><td rowspan="2">(四)检定或校准原始记录</td><td>10.原始记录格式、信息、填写、更改、签名及保存等要求</td></tr>
<tr><td>11.原始记录数据、数据处理要求</td></tr>
<tr><td rowspan="2">(五)检定或校准证书</td><td>12.证书的格式、签名、印章及副本保存等要求</td></tr>
<tr><td>13.检定或校准证书结果及内容要求</td></tr>
<tr><td>(六)管理制度</td><td>14.管理制度</td></tr>
<tr><td rowspan="4">六、计量标准测量能力的确认</td><td>(一)技术资料审查</td><td>1.技术资料审查</td></tr>
<tr><td rowspan="3">(二)现场实验</td><td>2.检定或校准方法、操作程序、操作过程等要求</td></tr>
<tr><td>3.检定或校准结果</td></tr>
<tr><td>4.回答问题正确</td></tr>
</table>

(2)进行现场考评时，考评员应当按照“计量标准考评表”的内容逐项进行审查和确认。对每项考评记录均应当有明确的意见，用“√”来表示。“考评记事”栏目可以对相应的项目作必要的简要说明。

(3)在考评过程中，考评员对发现的问题应当与该项计量标准的负责人、有关检定或校准人员充分交换意见，确认不符合项或缺陷项。

(4)对于确认的不符合项或缺陷项，考评员应当给建标单位下达“计量标准整改工作单”。

三、现场考评的程序和方法

(一)规范条文

6.2.2.3 现场考评的程序

1)首次会议

首次会议的主要内容为:考评组组长宣布考评的项目和考评员分工,明确考核的依据、现场考评日程安排和要求;建标单位主管人员介绍本单位概况和计量标准考核准备工作情况。

2)现场观察

考评员在建标单位有关人员的陪同下,对考评项目的相关场所进行现场观察。通过观察,了解计量标准器及配套设备、环境条件及设施等方面的情况,为进入考评作好准备。

3)资料核查

考评员应当按照“计量标准考评表”的内容对申请资料的真实性进行现场核查,核查时应当对重点考评项目以及书面审查未涉及的项目予以关注。

4)现场实验和现场提问

现场实验由检定或校准人员用被考核的计量标准对考评员指定的测量对象进行检定或校准。根据实际情况可以选择盲样、建标单位的核查标准或近期已检定或校准过的计量器具作为测量对象。现场实验时,考评员应当对检定或校准的操作程序、操作过程以及采用的检定或校准方法等内容进行考评,并按照附录C.5的要求将现场实验数据与已知参考数据进行比较,对现场实验结果进行评价,确认计量标准测量能力是否符合考核要求。

现场提问的内容包括:本专业基本理论方面的问题、计量检定规程或计量技术规范中的有关问题、操作技能方面的问题以及考评中发现的问题。

5)末次会议

末次会议由考评组组长或考评员报告考评情况,宣布现场考评结论;需要整改的,应当确认不符合项或缺陷项,提出整改要求和期限;建标单位有关人员表达意见。

(二)理解要点

进行现场考评时,考评员应当按照规范规定的程序进行,即首次会议、现场观察、资料核查、现场实验和现场提问及末次会议。

现场考评程序和方法是:

1. 首次会议

首次会议是实施现场考评的第一次会议,会议的主要目的是明确现场考评的项目、考核依据、考评安排和现场实验等内容。首次会议由考评组组长主持,考评组全体成员、建标单位主管人员、计量标准负责人和项目组成员参加,时间一般不超过半小时。首次会议的主要议程:

(1)双方介绍出席会议的人员的工作单位、姓名等基本信息;

(2)考评组组长或考评员宣布考评项目和考评组成员分工,明确考核的依据、现场考评程序和要求,确定考评日程安排和现场实验的内容以及现场实验的人员名单;

(3)建标单位主管人员介绍本单位概况和计量标准考核准备工作情况；

(4)确认考评工作安排中不明确的事项。

2. 现场观察

首次会议结束后，考评组成员在建标单位有关人员的陪同下对考评项目的相关场所进行现场观察。通过观察，了解计量标准的计量标准器及配套设备、环境条件及设施等方面的情况，为进入考评作好准备。

3. 申请资料的核查

考评员应当按照“计量标准考评表”的内容对申请资料的真实性进行现场核查，核查时应当对重点考评项目(带“ * ”号的考评项目)以及书面审查没有涉及的项目予以重点关注。

4. 现场实验和现场提问

(1)现场实验的方法：在考评员的监督下，检定或校准的人员用被考核的计量标准对指定的测量对象进行检定或校准。考评员通过对检定或校准操作程序、过程、采用的检定或校准方法的观察，以及通过对现场实验数据与已知参考数据进行比较，确认被考核计量标准的测量能力。

(2)现场实验测量对象的选择：根据实际情况可以选择盲样、建标单位的核查标准或近期经检定或校准过的计量器具作为测量对象。三种测量对象优先次序是：最佳的测量对象是考评员自带的盲样；在考评员无法自带盲样的情况下，可以选用建标单位的核查标准作为测量对象；若建标单位无适合的核查标准可供使用时，可以从建标单位的仪器收发室中，挑选一近期已检定或校准过的外单位送检仪器作为测量对象。

(3)现场实验的人员选择：应当由事先确定的两名检定或校准人员进行现场实验。必要时，考评员可以增加现场实验人员，增加的现场实验人员从也应当《计量标准考核(复查)申请书》中填写的检定或校准人员名单中选择。

(4)现场实验过程的考评：考评员应当从现场实验的检定或校准人员采用的检定或校准方法是否正确，操作过程是否规范，是否熟练等方面进行考评。考评员应当在实验现场观察、记录检定或校准的人员的实验过程，并确定是否符合计量检定规程或计量技术规范的要求。

(5)现场实验结果的评价

对于考评员自带盲样的情况，现场测量结果与参考值之差应当不大于两者的扩展不确定度(U_{95}或U，$k=2$，下同)的方和根。若现场测量结果和参考值分别为y和y_0，它们的扩展不确定度分别为U和U_0，则应当满足：

$$|y-y_0|\leqslant\sqrt{U^2+U_0^2}$$

若使用建标单位的核查标准作为测量对象，则建标单位应当在现场测量前提供该核查标准的参考值及其不确定度。若采用外单位送检的仪器作为测量对象，建标单位也应当在现场测量前提供该仪器的检定或校准结果及其不确定度。在此两种情况下，由于测量结果和参考值都是采用同一套计量标准进行测量，因此在扩展不确定度中应当扣除由系统效应引起的测量不确定度分量，例如由计量标准器引入的不确定度分量，由测量仪器的示值误差引入的不确定度分量等。若现场测量结果和参考值分别为y和y_0，它们的扩展不确定度均为U，扣除由系统效应引入的不确定度分量后的扩展不确定度为U'，则应当满足：

$$|y-y_0|\leqslant\sqrt{2}U'$$

完成现场实验后，应当将与现场实验有关的原始记录附在“计量标准考评表”上。

(6)现场提问的内容：有关本专业基本理论方面的问题、计量检定规程或计量技术规范中有关的问题、操作技能方面的问题以及考评中发现的问题。

(7)现场回答问题的人员的选择：现场实验应当从计量标准负责人和《计量标准考核(复查)申请书》中填写的检定或校准的人员中选择。

(8)现场提问的评价

要求现场回答问题的人员能够正确回答有关本专业基本理论方面的问题、计量检定规程或计量技术规范中有关问题、操作技能方面的问题以及考评中发现的问题。

5. 末次会议

末次会议的目的是通报考评的情况与结论。末次会议由考评组组长主持，考评组全体成员、建标单位主管人员、计量标准负责人和项目组成员参加。会议先由考评组组长或考评员通报考评情况，说明考评的总评价，宣布现场考评结论，并对考评中发现的主要问题加以说明，需要整改的，应当下达“计量标准整改工作单”确认不符合项和缺陷项，提出整改要求和期限。然后双方进行交流，确认考评结果，如双方在技术上存在重大不同意见，应当通过书面形式予以记载。最后建标单位主管领导或计量标准负责人应对考评结果和整改工作表述意见。

第四节 整改要求

(一)规范条文

6.3 **整改**

对于存在不符合项或缺陷项的计量标准，建标单位应当按照“计量标准整改工作单”的整改要求对存在的问题进行改正、完善，并在15个工作日内完成整改工作。考评员应当对不符合项或缺陷项的纠正措施进行跟踪确认。

建标单位如果不能在15个工作日内完成整改工作，视为自动放弃，考评员可以确认考评不合格。

(二)理解要点

(1)对于存在不符合项或缺陷项的计量标准，建标单位应当在规定的期限内完成整改工作。

(2)建标单位应当按照“计量标准整改工作单”的要求进行整改，并将整改结果反映在“计量标准整改工作单”上，并加盖建标单位公章，并在规定的整改截止日期前将“计量标准整改工作单”连同整改证明材料送达考评员。

(3)考评员应当及时审查建标单位提供的整改证明材料，对不符合项和缺陷项的纠正措施进行跟踪、确认，必要时可以到现场核查。审查完毕后，在“计量标准整改工作单”上的考评员确认签字栏签名，连同《计量标准考核报告》及申请资料及时交回考评单位或考评组组长。

第五节　考评结果的处理

(一)规范条文

> 6.4　考评结果的处理
>
> 考评员在考评时应当正确填写《计量标准考核报告》,并给出明确的考评结论及意见。完成考评后,将《计量标准考核报告》以及申请资料交回考评单位或考评组组长。
>
> 考评单位或考评组组长应当在5个工作日内对考评结果进行复核,并在《计量标准考核报告》相应栏目中签署意见后,报组织考核的人民政府计量行政部门审核,审核应当在5个工作日内完成,组织考核的人民政府计量行政部门审核后交由主持考核的人民政府计量行政部门审批。
>
> 建标单位对计量标准考评工作及考评结论有意见的,可以填写《计量标准考评工作评价及意见表》(格式见附录L),寄送组织考核的人民政府计量行政部门或主持考核的人民政府计量行政部门。

(二)理解要点

(1)考评员在考评时应当正确填写《计量标准考核报告》,对于来自《计量标准考核(复查)申请书》《计量标准技术报告》中的有关内容,例如:计量标准的主要计量特性、计量标准器及主要配套设备、开展的检定或校准项目等信息,应当逐一进行核对确认后,再将正确的内容填写到《计量标准考核报告》上去。考评结束前,考评员应当及时完成《计量标准考核报告》的编写,并填写考评结论及意见。

(2)完成考评后,考评员将《计量标准考核报告》及申请资料交回考评单位或考评组组长。提交的文件应当正确完整,应当提交的文件目录为:

①《计量标准考核报告》(包括“计量标准考评表”,如果有整改,还包括“计量标准整改工作单”)。

② 由建标单位提供的全部申请资料,如《计量标准考核(复查)申请书》等。申请新建计量标准有6项资料(见《考核规范》5.1.2.1),申请计量标准复查有11项资料(见《考核规范》5.1.2.2)。

③ 如果是现场考评,需提交现场实验原始记录及相应的检定或校准证书一套。

④ 如果有整改,还需要提交建标单位的整改证明材料。

(3)考评单位主管计量标准考核工作的负责人或考评组组长应当对考评员上报的《计量标准考核报告》及有关材料进行认真复核,并在《计量标准考核报告》相应栏目中签署意见,复核的负责人应当签名并加盖公章。

《计量标准考核报告》复核的重点是:

① 报告中所填写的内容是否完整,并符合《考核规范》的要求;

② 报告中测量能力是否与所建计量标准的技术指标相适应;

③ 考评记录是否完整,考评结果评判是否正确;

④ 考评员是否签字并检查该计量标准是否与考评员核准的考评项目相一致。

以上所提的是重点复核内容,其他方面的内容也应当该进行复核。

(4)组织考核的人民政府计量行政部门应当对考评单位或考评组上报的《计量标准考核报告》及有关材料进行认真审核,审核的负责人应当签名并加盖组织考核的人民政府计量行政部门公章。上报给主持考核的人民政府计量行政部门的材料必须完整正确。

(5)复核工作的时间规定:应当在 5 个工作日内完成;审核工作的时间规定:应当在 5 个工作日内完成。

(6)建标单位如果对考评工作或考评结论有异议,可填写"计量标准考评工作意见表"(填写方法见本书第六章第十节)寄送组织考核的人民政府计量行政部门或主持考核的人民政府计量行政部门。组织考核的人民政府计量行政部门或主持考核的人民政府计量行政部门收到申诉后,应当及时进行核查和处理。

第五章　计量标准考核的后续监管

第一节　计量标准器或主要配套设备的更换

（一）规范条文

> **7　计量标准考核的后续监管**
>
> **7.1　计量标准器或主要配套设备的更换**
>
> 处于《计量标准考核证书》有效期内的计量标准，发生计量标准器或主要配套设备的更换（包括增加、减少，下同），建标单位应当按下述规定履行相关手续。
>
> 1）更换计量标准器或主要配套设备后，如果计量标准的不确定度或准确度等级或最大允许误差发生了变化，应当按新建计量标准申请考核。
>
> 2）更换计量标准器或主要配套设备后，如果计量标准的测量范围或开展检定或校准的项目发生变化，应当申请计量标准复查考核。
>
> 3）更换计量标准器或主要配套设备后，如果计量标准的测量范围、计量标准的不确定度或准确度等级或最大允许误差以及开展检定或校准的项目均无变化，应当填写《计量标准更换申报表》一式两份，提供更换后计量标准器或主要配套设备有效的检定或校准证书和《计量标准考核证书》复印件各一份，报主持考核的人民政府计量行政部门履行有关手续。同意更换的，建标单位和主持考核的人民政府计量行政部门各保存一份《计量标准更换申报表》。
>
> 此种更换，建标单位应当重新进行计量标准的稳定性考核、检定或校准结果的重复性试验和检定或校准结果的不确定度评定，并将相应的《计量标准的稳定性考核记录》《检定或校准结果的重复性试验记录》和《检定或校准结果的不确定度评定报告》纳入计量标准的文件集进行管理。
>
> 4）如果更换的计量标准器或主要配套设备为易耗品（如：标准物质等），并且更换后不改变原计量标准的测量范围、计量标准的不确定度或准确度等级或最大允许误差，开展的检定或校准项目也无变化，应当在《计量标准履历书》中予以记载。

（二）理解要点

在计量标准的有效期内，无论何种原因更换计量标准器或主要配套设备，均应当履行相关手续。此处的更换包括三层含义：一是一对一更换，即换一台和原来完全一样或者接近的计量标准器或主要配套设备；二是增加，即新增一台或几台和原来完全一样或者接近的计量标准器或主要配套设备；三是部分停用，即多台相同计量标准器或主要配套设备停用其中一台或几台。不同情况的更换，应当按下述规定履行相关手续：

（1）更换计量标准器或主要配套设备后，如果改变了原计量标准的不确定度或准确度等级或最大允许误差，应当按新建计量标准申请考核。

(2)更换计量标准器或主要配套设备后，如果原计量标准的测量范围或开展检定或校准的项目发生变化(要求计量标准的不确定度或准确度等级或最大允许误差应当保持不变化)，应当申请计量标准复查考核。

(3)更换计量标准器或主要配套设备后，如果计量标准的测量范围、计量标准的不确定度或准确度等级或最大允许误差以及开展检定或校准的项目均无变更，则不需要重新考核，则只需按照下列要求办理更换手续。

① 建标单位应当准备如下资料：

a. 填写《计量标准更换申报表》一式两份(其填写方法详见本书第六章第六节“《计量标准更换申报表》的填写与使用说明”)，建标单位负责人签字后加盖公章；

b. 提供更换后计量标准器或主要配套设备的有效检定或校准证书复印件一份。

② 建标单位将上述资料报主持考核的人民政府计量行政部门。

③ 主持考核的人民政府计量行政部门对上报的资料进行审核，如果符合规定，同意并批准更换；如果不符合规定，则要求建标单位补充有关资料后再批准更换或者不同意更换。

④ 主持考核的人民政府计量行政部门保留一份《计量标准更换申报表》存档，另一份退回建标单位作为文件集的文件保存。

这种更换方式，建标单位除了按照上述要求办理更换手续外，必要时，还应当重新进行计量标准的稳定性考核、检定或校准结果的重复性试验和检定或校准结果的测量不确定度评定，并将《计量标准的稳定性考核记录》《检定或校准结果的重复性试验记录》和《检定或校准结果的测量不确定度评定报告》纳入计量标准的文件集进行管理。

(4)如果更换的计量标准器或主要配套设备为易耗品(如：标准物质等)，并且更换后不改变原计量标准的测量范围、计量标准的不确定度或准确度等级或最大允许误差，开展的检定或校准项目也无变化时，只要在《计量标准履历书》第七条“计量标准器及配套设备更换登记”中予以记载即可，不必向主持考核的人民政府计量行政部门申请办理更换手续。

第二节　其他更换

(一)规范条文

> **7.2　其他更换**
>
> 处于《计量标准考核证书》有效期内的计量标准，发生除计量标准器或主要配套设备以外的其他更换，建标单位应当按下述规定履行相关手续。
>
> 1)如果开展检定或校准所依据的计量检定规程或计量技术规范发生更换，应当在《计量标准履历书》中予以记载；如果这种更换使计量标准器或主要配套设备、主要计量特性或检定或校准方法发生实质性变化，应当提前申请计量标准复查考核，申请复查考核时应当提供计量检定规程或计量技术规范变化的对照表。

2）如果计量标准的环境条件及设施发生重大变化，例如：计量标准保存地点的实验室或设施改造、实验室搬迁等，应当填写《计量标准环境条件及设施发生重大变化自查表》（格式见附录M），并向主持考核的人民政府计量行政部门报告，提供“计量标准环境条件及设施发生重大变化自查一览表”（格式见附录M1）。对于主要计量特性发生重大变化的计量标准，应当及时向主持考核的人民政府计量行政部门申请复查考核，期间应当暂时停止开展检定或校准工作。

注：如果计量标准的环境条件及设施发生重大变化，建标单位应当通过计量标准的稳定性考核、检定或校准结果的重复性试验等方式确认计量标准保持正常工作状态，必要时，应当将计量标准器及主要配套设备重新进行溯源。

3）更换检定或校准人员时，应当在《计量标准履历书》中予以记载。

4）如果建标单位名称发生更换，应当向主持考核的人民政府计量行政部门申请换发《计量标准考核证书》。

（二）理解要点

在计量标准的有效期内，发生除计量标准器或主要配套设备以外的其他更换时，也应当履行相关手续。其他更换包括开展检定或校准所依据的计量检定规程或计量技术规范、环境条件及设施、检定或校准人员以及建标单位名称发生更换等几种情况。

（1）如开展检定或校准所依据的计量检定规程或计量技术规范发生变更，应当按照《计量标准履历书》第八条“计量检定规程或计量技术规范（更换）登记”的要求予以记载，登记内容为：现行的计量检定规程或计量技术规范编号及名称、原计量检定规程或计量技术规范编号及名称、更换日期、变化的主要内容和是否发生实质性变化；如果这种更换使技术要求和方法发生实质性变化，则应当申请计量标准复查考核，申请复查考核时应当同时提供计量检定规程或计量技术规范变化内容的对照表。

（2）如果计量标准的环境条件及设施发生可能危及计量标准主要计量特性的重大变化时，例如：计量标准保存地点的实验室或设施改造、实验室修缮、实验室搬迁等，应当按照下列要求办理：

① 建标单位应当根据计量标准环境条件及设施发生重大变化情况对计量特性的影响，实施自律管理，进行自查和评估，确定自查结论，再填写《计量标准环境条件及设施发生重大变化自查表》，包括《计量标准环境条件及设施发生重大变化一览表》和《计量标准环境条件及设施发生重大变化自查记录表》，详见第六章第十一节《计量标准环境条件及设施发生重大变化自查表》的填写与使用说明。

② 如果计量标准的环境条件及设施发生重大变化，建标单位应当通过计量标准的稳定性考核、检定或校准结果的重复性试验等方式确认计量标准保持正常工作状态，必要时，应当将计量标准器及主要配套设备重新进行溯源。

③ 建标单位应当根据发生变化情况对计量特性的影响程度，及时向主持考核的人民政府计量行政部门报告，同时提交《计量标准环境条件及设施发生重大变化自查一览表》。

④ 对于主要计量特性发生重大变化的计量标准，应当及时向主持考核的人民政府计量行政部门申请复查考核，期间应当暂时停止开展检定或校准工作。

(3)更换检定或校准人员应当按照《计量标准履历书》第九条“检定或校准人员(更换)登记”的要求予以登记即可，登记内容为：姓名、性别、年龄、学历、能力证明名称及编号、核准的检定或校准项目、上岗日期、离岗日期。

(4)如果建标单位名称发生更换，应当以更换后的新单位名义向主持考核的人民政府计量行政部门提出书面报告，申请换发《计量标准考核证书》，并附相关证明材料。

第三节 计量标准的封存与撤销

(一)规范条文

7.3 计量标准的封存与撤销

在计量标准有效期内，因计量标准器或主要配套设备出现问题，或计量标准需要进行技术改造或其他原因而需要封存或撤销的，建标单位应当填写《计量标准封存(或撤销)申报表》一式两份，连同《计量标准考核证书》原件报主持考核的人民政府计量行政部门履行有关手续。主持考核的人民政府计量行政部门同意封存的，在《计量标准考核证书》上加盖“同意封存”印章；同意撤销的，收回《计量标准考核证书》。建标单位和主持考核的人民政府计量行政部门各保存一份《计量标准封存(撤销)申报表》。

(二)理解要点

(1)在计量标准有效期内，计量标准器或主要配套设备因种种变故导致长期无工作任务或需进行技术改造或搬迁，不能继续开展检定或校准工作，应当将计量标准暂时封存或撤销。

(2)计量标准封存和撤销应当按规定的程序申报审批。

① 建标单位填写《计量标准封存(或撤销)申报表》一式两份(其填写方法详见第六章第七节“《计量标准封存(或撤销)申报表》的填写与使用说明”)，报主管部门审批。

② 主管部门同意封存或撤销的，主管部门应当在《计量标准封存(或撤销)申报表》的主管部门意见栏中签署意见，加盖公章后连同《计量标准考核证书》原件一并报主持考核的人民政府计量行政部门办理封存或撤销手续。

③ 同意封存的，主持考核的人民政府计量行政部门应当在其《计量标准考核证书》上加盖“同意封存”印章，在《计量标准封存(或撤销)申请表》上签署意见并加盖公章。

④ 同意撤销的，主持考核的人民政府计量行政部门应当收回《计量标准考核证书》，并在《计量标准封存与撤销申请表》上签署意见并加盖公章。

⑤ 建标单位和主持考核的人民政府计量行政部门各保存一份《计量标准封存(或撤销)申报表》存档。

第四节　计量标准的恢复使用

（一）规范条文

> **7.4　计量标准的恢复使用**
>
> 封存的计量标准需要恢复使用，如果《计量标准考核证书》仍然处于有效期内，则建标单位应当申请计量标准复查考核；如《计量标准考核证书》超过了有效期，则应当按新建计量标准申请考核。

（二）理解要点

（1）当封存的计量标准需要恢复使用时，应当按规定的程序申报审批。

（2）封存的计量标准需要重新开展检定或校准工作时，如果《计量标准考核证书》仍处于有效期内，建标单位应当向主持考核的人民政府计量行政部门申请计量标准复查考核；如果《计量标准考核证书》超过了有效期，建标单位应当按新建计量标准向主持考核的人民政府计量行政部门重新申请考核。

第五节　计量标准的技术监督

（一）规范条文

> **7.5　计量标准的技术监督**
>
> 主持考核的人民政府计量行政部门可以采用计量比对、盲样试验或现场实验等方式，对处于《计量标准考核证书》有效期内的计量标准运行状况进行技术监督。建标单位应当参加有关人民政府计量行政部门组织的相应计量标准的技术监督活动，技术监督结果合格的，在该计量标准复查考核时可以不安排现场考评；技术监督结果不合格的，建标单位应当在限期内完成整改，并将整改情况报告主持考核的人民政府计量行政部门。对于无正当理由不参加技术监督活动的或整改后仍不合格的，主持考核的人民政府计量行政部门可以将其作为注销《计量标准考核证书》的依据。

（二）理解要点

（1）计量标准的技术监督的方式有：计量比对、盲样试验或现场实验等。主持考核的人民政府计量行政部门组织考评组对已建的计量标准采用计量比对、盲样试验或现场实验等方式进行技术监督。

（2）建立了相应项目计量标准的单位，应当参加由有关的人民政府计量行政部门组织的技术监督活动。技术监督结果合格的，主持考核的人民政府计量行政部门在该计量标准复查考核时可以不安排现场考评；技术监督结果不合格的，应当限期整改，并将整改情况报主持考核的人民政府计量行政部门。对于无正当理由不参加技术监督活动的或整改后仍不合格的，主持考核的人民政府人民政府计量行政部门可以将其作为注销《计量标准考核证书》的依据。

第六章　计量标准考核用表用证的填写与使用说明

计量标准考核应当使用《考核规范》统一规定的用表用证，并按本章的要求填写。由于不同领域、不同专业、不同计量标准的具体情况存在差异，《考核规范》附录中规定的计量标准考核用表用证可能不完全适应于所有计量标准，如果这些表格的格式不适合于所建计量标准的话，可以按照专业项目的特殊约定填写或者表示，但不应与《考核规范》的基本要求相矛盾，并应当在本专业内保持统一；建标单位另行设计的格式，其内容不得少于《考核规范》要求格式所规定的信息量。

《考核规范》附录给出的计量标准考核用表用证有十一种，可以分为正式格式和参考格式两类。正式格式包括附录 A《计量标准考核（复查）申请书》、附录 B《计量标准技术报告》、附录 G《计量标准更换申报表》、附录 H《计量标准封存（或撤销）申报表》、附录 J《计量标准考核报告》、附录 K《计量标准考核证书》、附录 L《计量标准考评工作评价及意见表》以及附录 M《计量标准环境条件及设施发生重大变化自查表》等八种，这些用表用证为统一要求的格式，属于强制采用；参考格式包括附录 D《计量标准履历书》、附录 E《检定或校准结果的重复性试验记录》以及附录 F《计量标准的稳定性考核记录》等三种，这些属于推荐采用。

第一节　《计量标准考核（复查）申请书》的填写与使用说明

一、《计量标准考核（复查）申请书》格式

无论申请新建计量标准的考核或计量标准的复查考核，建标单位均应当填写《计量标准考核（复查）申请书》。《计量标准考核（复查）申请书》应当采用《考核规范》附录 A 规定的格式。《计量标准考核（复查）申请书》一般由计量标准负责人填写。

二、《计量标准考核（复查）申请书》的填写与使用说明

（一）说明

建标单位应当仔细阅读《计量标准考核（复查）申请书》的说明，并按下列要求准备相应的技术资料。

1. 申请新建计量标准考核的建标单位应当提供的资料

（1）《计量标准考核（复查）申请书》原件一式两份和电子版一份；

（2）《计量标准技术报告》原件一份；

（3）计量标准器及主要配套设备有效的检定或校准证书复印件一套；

(4)开展检定或校准项目的原始记录及相应的模拟检定或校准证书复印件两套;

(5)检定或校准人员能力证明复印件一套;

(6)可以证明计量标准具有相应测量能力的其他技术资料(如果适用)复印件一套。

注:申请新建计量标准考核的单位除了提交上述6个方面的资料外,还有如下两点要注意:

① 如采用计量检定规程或国家计量校准规范以外的技术规范,应当提供技术规范原件和相应的文件复印件一套。

②《计量标准技术报告》相应栏目中应当提供《检定或校准结果的重复性试验记录》和《计量标准的稳定性考核记录》。

2. 申请计量标准复查考核的建标单位应当提供的技术资料

(1)《计量标准考核(复查)申请书》原件一式两份和电子版一份;

(2)《计量标准考核证书》原件一份;

(3)《计量标准技术报告》原件一份;

(4)《计量标准考核证书》有效期内计量标准器及主要配套设备连续、有效的检定或校准证书复印件一套;

(5)随机抽取该计量标准近期开展检定或校准工作的原始记录及相应的检定或校准证书复印件两套;

(6)《计量标准考核证书》有效期内连续的《检定或校准结果的重复性试验记录》复印件一套;

(7)《计量标准考核证书》有效期内连续的《计量标准的稳定性考核记录》复印件一套;

(8)检定或校准人员能力证明复印件一套;

(9)计量标准更换申报表(如果适用)复印件一份;

(10)计量标准封存(或撤销)申报表(如果适用)复印件一份;

(11)可以证明计量标准具有相应测量能力的其他技术资料(如果适用)复印件一套。

3. 打印要求《计量标准考核(复查)申请书》应当采用计算机打印,并使用A4纸。

(二)封面

1. “[ ] 量标 证字第 号”

填写《计量标准考核证书》的编号。新建计量标准申请考核时不必填写。待考核合格后,颁发《计量标准考核证书》时,由主持考核的人民政府计量行政部门按照证书的编号规则予以编号,并填写在《计量标准考核证书》相应位置。

申请计量标准复查考核时,建标单位应当根据主持考核的人民政府计量行政部门已签发的《计量标准考核证书》上的有关信息,填写证书编号。

2. “计量标准名称”和“计量标准代码”

JJF 1022—2014《计量标准命名与分类编码》规定了计量标准的命名和编码原则,并在其附录《计量标准名称与分类代码》中规定了常用计量标准的名称和代码。一般情况下建标单位只需在该规范的附录《计量标准名称与分类代码》中,沿着:专业→计量标准大类→对应计量标准项目或子项目的途径,就能查找到所建计量标准项目的名称及代码。

JJF 1022—2014《计量标准命名与分类编码》共收录了1261项计量标准的名称与分类代码，分别归入10大通用计量专业及8大专用领域，基本覆盖了目前我国在建的绝大多数计量标准项目。对于个别计量标准名称及代码不能直接查找使用的，建标单位可以按照计量标准命名及编码原则先自行命名及编码，再由主持考核的人民政府计量行政部门依据该规范制定的命名及编码原则确认。

3."建标单位名称"和"组织机构代码"

分别填写建标单位的全称和组织机构代码。

建标单位的全称应当与申请书中"建标单位意见"栏内所盖公章中的单位名称完全一致。

组织机构代码应当填写法人单位的统一社会信用代码。

4."单位地址"和"邮政编码"

分别填写建标单位的通信地址以及所在地区的邮政编码。

5."计量标准负责人及电话"和"计量标准管理部门联系人及电话"

分别填写申请计量标准考核或复查项目的计量标准负责人姓名及电话、建标单位负责计量标准管理部门联系人的姓名及电话。电话可以是办公电话号码(同时注明所在地区的长途区位号码)，也可以是手机号码，只要方便考核信息的联络、交流、沟通即可。

6."　　年　　月　　日"

填写建标单位提出计量标准考核或复查申请时的日期。该日期应当与"建标单位意见"一栏内的日期一致。

(三)申请书内容

1."计量标准名称"

与申请书封面的"计量标准名称"栏目的填写要求一致。

2."计量标准考核证书号"

申请新建计量标准时不必填写，申请计量标准复查时应当填写原《计量标准考核证书》的编号，应当与申请书封面的对应栏目内容一致。

3."保存地点"

填写该计量标准保存地点，不仅要填写建标单位的通信地址，还应当填写该计量标准保存部门的名称、楼号和房间号。

4."计量标准原值(万元)"

填写该计量标准的计量标准器和配套设备购置时原价值的总和，单位为万元。数字一般精确到小数点后两位。该原值应当和《计量标准履历书》中"计量标准原值(万元)"相一致。

5."计量标准类别"

需要考核的计量标准，分为社会公用计量标准、部门最高计量标准和企事业单位最高计量标准三类。取得人民政府计量行政部门授权的，属于计量授权项目。此处应当根据申请考核的计量标准类型，以及是否属于授权项目，在对应的"□"内打"√"。

6.“测量范围”

填写该计量标准的测量范围，即由计量标准器和配套设备组成的计量标准的测量范围。根据计量标准的具体情况，它可能与计量标准器所提供的测量范围相同，也可能与计量标准器所提供的测量范围不同。对于可以测量多种参数的计量标准应该分别给出每一种参数的测量范围。

7.“不确定度或准确度等级或最大允许误差”

《计量标准考核（复查）申请书》中有三处涉及到要填写名称为“不确定度或准确度等级或最大允许误差”的栏目。原则上，应当根据计量标准的具体情况，并参照本专业规定或约定俗成选择不确定度或准确度等级或最大允许误差进行表述。

（1）关于不确定度

在《计量标准考核（复查）申请书》中首先要求给出计量标准的主要计量特性时，应当填写计量标准的不确定度；其后，在给出计量标准的具体组成时，要求分别填写计量标准中每一台计量标准器或主要配套设备的不确定度（不是直接填写它们的合成不确定度）；而在申请书最后要求填写所开展的检定或校准项目信息时，又要求给出对被检定或被校准对象的不确定度的要求。除这三处之外，在文件集中则要求给出检定或校准结果的不确定度评定报告。

因此必须要准确区分下述四个关于不确定度的术语：“计量标准器的不确定度”“计量标准的不确定度”“检定或校准结果的不确定度”以及“开展的检定或校准项目的不确定度”。

①“计量标准的不确定度”

“计量标准的不确定度”是指在检定或校准结果的不确定度中，由计量标准所引入的不确定度分量。由于计量标准主要由计量标准器和主要配套设备组成，因此计量标准的不确定应当包括计量标准器引入的不确定度分量以及主要配套设备引入的不确定度分量。

②“计量标准器的不确定度”

“计量标准器的不确定度”是指在计量标准的不确定度中由计量标准器所引入的不确定度分量，显然“计量标准器的不确定度”要小于“计量标准的不确定度”。

③“检定或校准结果的不确定度”

“检定或校准结果的不确定度”是指用该计量标准对常规的被测对象进行检定或校准时所得结果的不确定度。由于计量标准以外的其他因素也会对检定或校准结果的不确定度有贡献，例如环境条件和被测对象等，因此“检定或校准结果的不确定度”无疑要大于“计量标准的不确定度”。

④“开展的检定或校准项目的不确定度”

“开展的检定或校准项目的不确定度”是指对被检定或被校准对象的不确定度要求，也就是将来用该计量标准对其他的测量设备进行检定或校准时对所得结果的不确定度的要求，即所谓“目标不确定度”。

目标不确定度的定义是：根据测量结果的预期用途，规定作为上限的测量不确定度。也就是说，只有当“检定或校准结果的不确定度”小于“开展的检定或校准项目的不确定度”（即目标不确定度）时才能判定满足要求。

上述四种不确定度之间的关系见图 6－1。

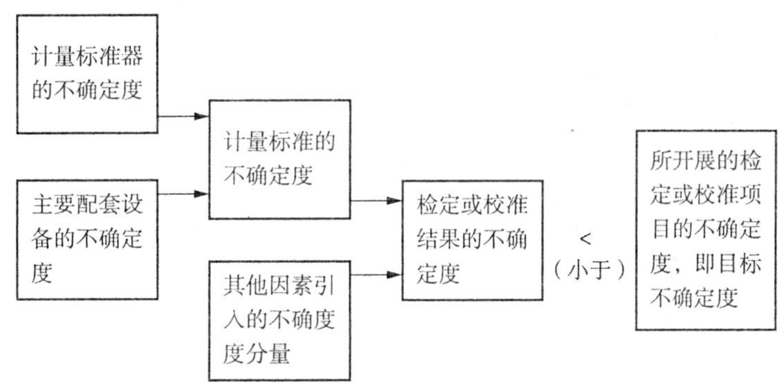

图 6－1　四种不确定度之间的关系

(2)关于最大允许误差

若被考核计量标准中的计量标准器或主要配套设备在使用中仅采用其标称值而不采用实际值，即相当于其量值是通过检定而不是通过校准进行溯源，这时计量标准器或主要配套设备所引入的不确定度分量将由它们的最大允许误差(MPE)并通过假设的分布导出(通常假设为矩形分布)。这时显然用最大允许误差表示更为方便，因此在“不确定度或准确度等级或最大允许误差”栏目内应该填写其最大允许误差。

对于所开展的检定或校准项目也相同，若被考核计量标准的测量对象在今后的使用中采用实际值，即需加修正值使用，则在相应的“不确定度或准确度等级或最大允许误差”栏目内填写不确定度；若在其今后使用中采用标称值，则填写其最大允许误差，此时其不确定度可由最大允许误差通过假设分布后得到。

(3)关于准确度等级

对于所用的计量标准器及主要配套设备，或被考核计量标准的测量对象，如果相关的技术文件有关于准确度“等别”或“级别”的具体规定，则也可以在其相应的“不确定度或准确度等级或最大允许误差”栏目内填写其相应的准确度“等别”或“级别”。给出“等别”相当于填写不确定度，而给出“级别”则相当于填写最大允许误差。

(4)填写本栏目的其他注意事项

① 在填写“不确定度或准确度等级或最大允许误差”栏目时，除应遵从上述原则外，还应当按照本专业的规定或约定俗成进行表述。

② 当计量标准的不确定度由多个分量组成时，在填写其相应的“不确定度或准确度等级或最大允许误差”栏目时通常可以直接填写各个分量而不必将它们合成，即应当分别填写每一台计量标准器和主要配套设备相应的不确定度或最大允许误差或准确度等级。

③ 本栏目无论填写不确定度，或准确度等级，或最大允许误差均应当采用明确的通用符号准确地进行表示。

a. 当填写不确定度时，可以根据该领域的表述习惯和方便的原则，用标准不确定度或扩展不确定度来表示。标准不确定度用符号 u 表示；扩展不确定度有两种表示方式，分别用 U 和 U_p 表示，与之对应的包含因子分别用 k 或 k_p 表示。当用扩展不确定度表示时，必须同时注明所取包含因子 k 或 k_p 的数值。

当包含因子的数值是根据被测量 y 的分布，并由规定的包含概率 $p=0.95$ 计算得到时，扩

展不确定度用符号 U_{95} 表示，与之对应的包含因子用 k_{95} 表示。若取非 0.95 的包含概率，必须给出所依据的相关技术文件的名称，否则一律取 $p=0.95$。

当包含因子的数值不是根据被测量 y 的分布计算得到，而是直接取定时（此时均取 $k=2$），扩展不确定度用符号 U 表示，与之对应的包含因子用 k 表示。

b. 当填写最大允许误差时，可采用其英语缩写 MPE 来标识，其数值一般应当带“±”号。例如：“MPE：±0.05 m”“MPE：±0.01 mg”。

c. 当填写准确度等级时，应当采用各专业规定的等别或级别的符号来表示，例如：“2 等”“0.5 级”。

④ 对于可以测量多种参数的计量标准，应当分别给出每种参数的不确定度或准确度等级或最大允许误差。

⑤ 若对于不同测量点或不同测量范围，计量标准具有不同的测量不确定度时，原则上应该给出对应于每一个测量点的不确定度。至少应该分段给出其不确定度，以每一分段中的最大不确定度表示。如有可能，最好能给出测量不确定度随被测量 y 变化的公式。

若计量标准的分度值可变，则应该给出对应于每一分度值的不确定度。

8.“计量标准器”和“主要配套设备”

计量标准器是指计量标准在量值传递中对量值有主要贡献的计量设备。主要配套设备是指除计量标准器以外的对测量结果的不确定度有明显影响的设备。

本栏目中各子栏目的填法如下：

(1)“名称”和“型号”两栏目分别填写各计量标准器及主要配套设备的名称、型号或规格。

(2)“测量范围”栏目填写相应计量标准器及主要配套设备的测量范围。

(3)“不确定度或准确度等级或最大允许误差”栏目填写相应计量标准器及主要配套设备的不确定度或准确度等级或最大允许误差。填写要求与本节 3.7 条相同。通常按照最近一次检定或校准证书上给出的不确定度或准确度等级或最大允许误差进行填写。

(4)“制造厂及出厂编号”栏目填写各计量标准器及主要配套设备的制造厂家名称及出厂编号。

(5)“检定周期或复校间隔”栏目填写各计量标准器及主要配套设备经有效溯源后计量技术机构给出的检定周期或建议复校间隔，例如：1 年、2 年、6 个月等。

(6)“末次检定或校准日期”栏目填写各计量标准器及主要配套设备最近一次的检定日期或校准日期。

(7)“检定或校准机构及证书号”栏目填写各计量标准器及主要配套设备溯源计量技术机构的名称及其检定证书或校准证书的编号。

9.“环境条件及设施”

(1)在环境条件中应当填写的项目可以分为三类：

① 在计量检定规程或计量技术规范中提出具体要求，并且对检定或校准结果的测量不确定度有显著影响的环境要素；

② 在计量检定规程或计量技术规范中未提出具体要求，但对检定或校准结果的测量不确定度有显著影响的环境要素；

③ 在计量检定规程或计量技术规范中未提出具体要求，但对检定或校准结果的测量不确定度的影响不大的环境要素。

对第一类情况，在“要求”栏目内填写计量检定规程或计量技术规范对该环境要素规定必须达到的具体要求。对第二类情况，“要求”栏目按《计量标准技术报告》中对该要素的要求填写。对第三类情况，“要求”栏目可以不填。

“实际情况”栏目填写使用计量标准的环境条件所能达到的实际情况。

“结论”栏目是指是否符合计量检定规程或计量技术规范的要求，或是否符合《计量标准技术报告》的“检定或校准结果的测量不确定度评定”栏目中对该要素所提的要求。视情况分别填写“合格”或“不合格”。对第三类情况“要求”和“结论”栏目可以不填。例如：

项目	要求	实际情况	结论
温度	(20±2)℃	(20±1)℃	合格
湿度	＜70%RH	60%RH～70%RH	合格
振动	/		/

(2)在设施中填写在计量检定规程或计量技术规范中提出具体要求，并且对检定或校准结果及其测量不确定度有影响的设施和监控设备。在“项目”栏目内填写计量检定规程或计量技术规范规定的设施和监控设备名称，在“要求”栏目内填写计量检定规程或计量技术规范对该设施和监控设备规定必须达到的具体要求。“实际情况”栏目填写设施和监控设备的名称、型号和所能达到的实际情况，并应当与《计量标准履历书》中相关内容一致。“结论”栏目是指是否符合计量检定规程或计量技术规范对该项目所提的要求。视情况分别填写“合格”或“不合格”。

10.“检定或校准人员”

分别填写使用该计量标准从事检定或校准工作人员的基本情况。每项计量标准应有不少于两名的检定或校准人员。“姓名”“性别”“年龄”“从事本项目年限”“学历”等栏目按实际情况填写。“能力证明名称及编号”可以填写原计量检定员证及编号，也可以填写注册计量师资格证书及编号以及注册计量师注册证及编号，还可以填写当地省级人民政府计量行政部门或其规定的市(地)级人民政府计量行政部门颁发的具有相应项目的“计量专业项目考核合格证明”及编号(过渡期期间)；其他企事业单位的检定或校准人员，可以填写“培训合格证明”及编号，也可以填写原计量检定员证及编号、注册计量师资格证书及编号以及注册计量师注册证及编号，还可以填写当地省级人民政府计量行政部门或其规定的市(地)级人民政府计量行政部门颁发的具有相应项目的“计量专业项目考核合格证明”及编号。“核准的检定或校准项目”应当填写检定或校准人员所持能力证明中核准的检定或校准项目名称。

11.“文件集登记”

对表中所列 18 种文件是否具备，分别按项目的实际情况填写“是”或“否”，填写“否”时，应当在“备注”中说明原因。第 18 种为可以证明计量标准具有相应测量能力的其他技术资料，请在“检定或校准结果的测量不确定度评定报告”“计量比对报告”“研制或改造的计量标准的技术鉴定或验收资料”等栏目填写“是”或“否”，如果还有其他证明计量标准具有相应测量能力的技术资料可以在此栏目后面填写清楚这些技术资料的名称。

12.“开展的检定及校准项目”

本栏目在申请阶段是指计量标准拟开展的检定或校准项目，在考核报告中是指计量标准可开展的检定或校准项目，在发证环节应当是计量标准准予开展的检定或校准项目，为了保证考核信息的一致，方便信息拷贝，《计量标准考核（复查）申请书》《计量标准技术报告》《计量标准考核报告》《计量标准考核证书》等表格中该栏目不再区分“拟”和“可”，统一使用“开展的检定及校准项目”表述。

（1）“名称”栏目填写被检或被校计量器具名称，如果只能开展校准，必须在被校准计量器具名称或参数后注明“校准”字样。

（2）“测量范围”栏目填写被检或被校计量器具的量值或量值范围。

（3）“不确定度或准确度等级或最大允许误差”栏目，填写用被检或被校计量器具的测量不确定度或准确度等级或最大允许误差。若填写不确定度，即是指（三）7.（1）④中所说的“目标不确定度”。

（4）“所依据的计量检定规程或计量技术规范的编号及名称”栏目，填写开展计量检定所依据的计量检定规程以及开展校准所依据的计量检定规程或计量技术规范的编号及名称。填写时先写计量检定规程或计量技术规范的编号，再写规程规范的全称。例：“JJG 240—1981 一等标准液体压力计（试行）”“JJG 146—2011 量块”。若涉及多个计量检定规程或计量技术规范时，则应当全部分别一一列出。此处应当填写被检或被校计量器具（或参数）的计量检定规程或计量技术规范，而不是计量标准器或主要配套设备的计量检定规程或计量技术规范。

13.“建标单位意见”

建标单位的负责人（即主管领导）签署意见并签名和加盖公章。

〔例 1〕某法定计量检定机构拟申请建立一项社会公用计量标准，其负责人如同意，可在“建标单位意见”栏目中签署“同意申请该项目计量标准考核”。

〔例 2〕某企业拟申请建立一项本单位最高计量标准，其负责人如同意，可在“建标单位意见”栏目中签署“同意申请该项目计量标准考核”。

14.“建标单位主管部门意见”

建标单位的主管部门在本栏目签署意见并加盖公章。

〔例 1〕某单位申请部门最高计量标准考核，建标单位的主管部门应当在“建标单位主管部门意见”栏目中签署“同意该项目作为本部门最高计量标准申请考核”。

〔例 2〕某企业申请企业最高计量标准考核，企业的主管部门应当在“建标单位主管部门意见”栏目中签署“同意该项目作为本企业最高计量标准申请考核”。如果企业无主管部门，本栏目可以不填。

15.“主持考核的人民政府计量行政部门意见”

主持考核的人民政府计量行政部门在审阅申请资料并确认受理申请后，根据所申请计量标准的测量范围、不确定度或准确度等级或最大允许误差等情况确定组织考核（复查）的人民政府计量行政部门。主持考核的人民政府计量行政部门应当将是否受理、由谁组织考核的明确意见写入本栏目并加盖公章。如“同意受理该计量标准考核申请,请×××局组织考核”,或者“不同意受理该计量标准考核申请,理由如下……”。

如果主持考核人民政府计量行政部门具备考核能力,则自行组织考核;如果主持考核人民政府计量行政部门不具备考核能力,则将申请材料再转呈其上级人民政府计量行政部门,考核材料可逐级呈报,直至具备考核能力的人民政府计量行政部门,此时,具备考核能力的人民政府计量行政部门即为组织考核的人民政府计量行政部门。

16.“组织考核的人民政府计量行政部门意见”

组织考核(复查)人民政府计量行政部门在接受主持考核的人民政府计量行政部门下达的考核任务后,确定考评单位或成立考评组,并将处理意见写入栏目内并加盖公章。如“同意承接该计量标准考核,请×××计量科学研究院组织考评”。

主持考核的人民政府计量行政部门和组织考核的人民政府计量行政部门可以是同一个部门,也可以是不同级别的人民政府计量行政部门。

第二节　《计量标准技术报告》的填写与使用说明

一、《计量标准技术报告》格式

《考核规范》的附录 B 给出了《计量标准技术报告》的格式。新建计量标准时,建标单位应当撰写《计量标准技术报告》,计量标准主要特性有变化的,应当及时修订《计量标准技术报告》。计量标准考核合格后由建标单位存档。《计量标准技术报告》一般由计量标准负责人撰写。《计量标准技术报告》应当采用计算机打印,并使用 A4 纸。

二、《计量标准技术报告》的填写与使用说明

(一)封面和目录

1.“计量标准名称”

该名称应当与《计量标准考核(复查)申请书》中的名称相一致。

2.“计量标准负责人”

填写所建计量标准负责人的姓名。

3.“建标单位名称”

填写建标单位的全称。该单位名称应当与《计量标准考核(复查)申请书》中建标单位的名称及公章中名称完全一致。

4.“填写日期”

填写编制完成《计量标准技术报告》的日期。如果是重新修订,应当注明第一次填写日期和本次修订日期及修订版本。

5.“目录”

《计量标准技术报告》共 12 项内容,报告完成后,应当在目录每项(　　)内注明页码。

（二）技术报告内容

1.“建立计量标准的目的”

简明扼要地叙述为什么要建立该计量标准，建立该计量标准的被检定或校准对象、测量范围及工作量分析，以及建立该计量标准的预期社会效益及经济效益。

2.“计量标准的工作原理及其组成”

用文字、框图或图表的形式，简要叙述该计量标准的基本组成，以及开展量值传递时采用的检定或校准方法。计量标准的工作原理及其组成应当符合所建计量标准所属的国家计量检定系统表和执行的计量检定规程或计量技术规范的规定。

3.“计量标准器及主要配套设备”

本栏目填写内容和方法与《计量标准考核（复查）申请书》的对应栏目完全相同，只是本栏目不需要填写“末次检定或校准日期”及“检定或校准证书号”。

4.“计量标准的主要技术指标”

明确给出整套计量标准的测量范围、不确定度或准确度等级或最大允许误差以及计量标准的稳定性等主要技术指标以及其他必要的技术指标。

对于可以测量多种参数的计量标准，必须给出对应于每种参数的主要技术指标。

若对于不同测量点，计量标准的不确定度或最大允许误差不同时，建议用公式表示不确定度或最大允许误差与与被测量 y 的关系。如无法给出其公式，则分段给出其不确定度或最大允许误差。对于每一个分段，以该段中最大的不确定度或最大允许误差表示。

若对于不同的分度值具有不同的不确定度或准确度等级或最大允许误差时，也应当分别给出。

5.“环境条件”

本栏目的填写内容应当与《计量标准考核（复查）申请书》中的“环境条件及设施”中“环境条件”一致。申请书中填写的“设施”可以不填写在本栏目中。

6.“计量标准的量值溯源和传递框图”

根据与所建计量标准相应的国家计量检定系统表或计量检定规程或计量技术规范，画出该计量标准的量值溯源和传递框图。要求画出该计量标准溯源到上一级计量标准和传递到下一级计量器具的量值溯源和传递关系框图。具体画法详见本书第七章第六节“计量标准的量值溯源和传递框图”。

7.“计量标准的稳定性考核”

在计量标准考核中，计量标准的稳定性是指用该计量标准在规定的时间间隔内测量稳定的被测对象时所得到的测量结果的一致性。本栏目应该列出计量标准稳定性考核的全部数据，建议用图、表的形式反映稳定性考核的数据处理过程、结果，并判断其稳定性是否符合要求。

《考核规范》附录 C. 2 给出了五种计量标准稳定性考核方法：“采用核查标准进行考核”“采用高等级的计量标准进行考核”“采用控制图法进行考核”“采用计量检定规程或计量技术规范规定的方法进行考核”“采用计量标准器的稳定性考核结果进行考核”等。该栏目应当根据计量标准的实际情况和《考核规范》附录 C. 2 规定的原则确定计量标准稳定性考核的具体方法，填写核查标准、稳定性试验条件、稳定性试验过程，列出稳定性试验数据，给出稳定性考核结论，判断稳定性是否能够满足开展检定或校准工作的需要。具体做法见本书第七章第二节“计量标准的稳定性”。

8. “检定或校准结果的重复性试验”

检定或校准结果的重复性试验是指在重复性测量条件下，用计量标准对常规的被检定或被校准对象重复测量所得示值或测得值间的一致程度。

检定或校准结果的重复性通常用重复性测量条件下所得检定或校准结果的分散性定量地表示，即用单次检定或校准结果 y_i 的实验标准差 $s(y_i)$ 来表示。检定或校准结果的重复性通常是检定或校准结果的测量不确定度来源之一。

重复性条件是指相同测量程序、相同操作者、相同测量系统、相同操作条件和相同地点，并在短时间内对同一或相类似被测对象重复测量，因此必须在尽可能短的时间内完成。检定或校准结果的重复性通常用单次测量结果 y_i 的实验标准差 $s(y_i)$ 来表示。

“测量重复性”是指在重复性测量条件下得到的精密度，它表示测量过程中所有的随机效应对测得值的影响。

在进行检定或校准结果的重复性试验时，其条件应当与测量不确定度评定中所规定的条件相同。

重复性试验的测量条件通常是重复性测量条件，但在特殊情况下也可能是复现性测量条件或期间精密度测量条件。

该栏目应当填写重复性试验的被测对象、测量条件，列出重复性试验的全部数据和计算过程，通常情况下，采用《考核规范》附录 E《〈检定或校准结果的重复性试验记录〉参考格式》的形式反映重复性试验数据处理过程，并判断其重复性是否符合要求。

具体做法见本书第七章第一节“检定或校准结果的重复性”。

9. “检定或校准结果的不确定度评定”

检定或校准结果的不确定度评定应当依据 JJF 1059. 1—2012《测量不确定度评定与表示》进行。对于某些计量标准，如果需要，也可以同时采用 JJF 1059. 2—2012《用蒙特卡洛法评定测量不确定度》以进行比较。如果相关国际组织已经制订了该计量标准所涉及领域的测量不确定度评定指南，则相应项目的测量不确定度也可以依据这些指南进行评定。

在进行检定和校准结果的测量不确定度的评定时，测量对象应当是常规的被测对象，测量条件应当是在满足计量检定规程或计量技术规范前提下至少应当达到的临界条件。

检定或校准结果的测量不确定度评定，应当给出测量不确定度评定的详细过程，若文件集中已有详细的不确定度评定报告，此处也可以只给出测量不确定度评定的简要过程。

当对于不同量程或不同测量点，其测量结果的不确定度不同时，如果各测量点的不确定度评定方法差别不大，允许仅给出典型测量点的不确定度评定过程。

对于可以测量多种参数的计量标准，应当分别给出每一种主要参数的测量不确定度评定过程。

该栏目应当填写进行检定或校准结果测量不确定度评定具体采用的方法，被测量的简要描述、测量模型、不确定度分量的评估、被测量分布的判定和包含因子的确定、合成标准不确定度的计算以及最终给出的扩展不确定度。

对"检定或校准结果的测量不确定度评定"的详细要求,参见本书第七章第三节"计量标准考核中与不确定度有关的问题"。

10."检定或校准结果的验证"

检定或校准结果的验证是指要求对用该计量标准得到的检定或校准结果的可信程度进行实验验证。也就是说通过将测量结果与参考值相比较来验证所得到的测量结果是否在合理范围之内。由于验证的结论与测量不确定度有关,因此验证的结论在某种程度上同时也说明了所给的检定或校准结果的不确定度是否合理。

验证方法可以分为传递比较法和比对法两类。传递比较法是具有溯源性的,而比对法则不具有溯源性,因此检定或校准结果的验证,原则上应当优先采用传递比较法,只有在不可能采用传递比较法的情况下,才允许采用比对法进行检定或校准结果的验证,并且参加比对的建标单位应当尽可能多。

该栏目应当填写进行检定或校准结果的验证具体采用的方法,由哪个计量技术机构进行的验证,对验证的测量数据、不确定度、验证结论等逐一叙述清楚。

具体做法见本书第七章第四节"检定或校准结果的验证"。

11."结论"

通过计量标准稳定性考核、检定或校准测量结果重复性试验、测量不确定度评定和检定或校准结果的验证,对所建计量标准的各项技术特性是否符合国家计量检定系统表和计量检定规程或计量技术规范的规定,是否具有预期的测量能力,是否能够开展设定的检定及校准项目,是否满足《考核规范》的考核要求等方面给出总的评价。

12."附加说明"

填写认为有必要指出的其他附加说明。例如:计量标准技术报告编写、修订人,编写、修订的版本号及日期,编写、修订用到的文件名称和原始记录(如:计量标准的稳定性考核记录、检定或校准测量结果重复性试验记录、测量不确定度评定记录和检定或校准测量结果验证记录),以及可以证明计量标准具有相应测量能力的其他技术资料(如:计量比对报告、研制或改造计量标准的技术鉴定或验收资料、单独成册的检定或校准结果的不确定度评定报告)。

第三节 《计量标准履历书》的填写与使用说明

一、《计量标准履历书》参考格式

建标单位应当围绕计量标准的建立、考核、使用、维护、变化,实施动态管理,按照《考核规范》附录D的参考格式填写《计量标准履历书》,做好使用管理记录。对于某些计量标准,如果该参考格式不适用,建标单位可以自行设计《计量标准履历书》格式,但其包含的内容不应少于该参考格式规定的内容。

二、《计量标准履历书》的填写与使用说明

（一）封面和目录

“计量标准名称”“计量标准代码”“计量标准考核证书号”等栏目的填写同《计量标准考核（复查）申请书》的相关栏目要求。

“建立日期　年　月　日”填写计量标准的筹建日期。

《计量标准履历书》“目录”一共 11 项内容，应当在每项（　）内注明页码，方便查找使用。

（二）《计量标准履历书》内容

1.“计量标准基本情况记载”

“计量标准名称”“测量范围”“不确定度或最大允许误差或准确度等级”“保存地点”及“原值（万元）”等栏目的填写同《计量标准考核（复查）申请书》的相关栏目要求。

“启用日期”填写该计量标准正式投入使用的日期。

“建立计量标准情况记录”填写该计量标准筹建的基本情况，包括在什么情况提出建立，怎么建立，建立的效果如何等方面的情况，应将计量标准器、配套设备及设施购置、安装、调试、溯源，人员培训，环境条件改造，管理制度建立等方面的情况描述清楚。

“验收情况”填写该计量标准的计量标准器、配套设备及设施整体验收情况，并要求验收人签名。验收一般由计量标准器和配套设备及设施的购置部门（例如：建标单位的设备部）和使用部门共同进行，验收的方式、方法、程序等情况和通过验收后移交给计量标准负责人的过程描述均应当作为验收工作记录记载于本栏目之内。

2.“计量标准器、配套设备及设施登记”

该栏目不仅要登记计量标准器及主要配套设备的信息，还要登记次要配套设备、设施及监控设备的信息。计量标准器和主要配套设备的信息应当与《计量标准考核（复查）申请书》的同名栏目填写完全一致。设施信息应当登记与检定工作有关的设施，如空调、温湿度计、加湿机和除湿机等。应当逐一登记“名称”“型号”“测量范围”“不确定度或准确度等级或最大允许误差”“制造厂及出厂编号”等，填写同《计量标准考核（复查）申请书》的相关内容。“原值（元）”填写该计量标准器、配套设备或者设施的购置时价值，所有计量标准器及配套设备的价值之和等于“计量标准基本情况记载”中的“原值（万元）”。

有些计量标准的配套设备很多，在《计量标准考核（复查）申请书》或《计量标准技术报告》的栏目中不能全部填写时，可以在申请书和计量标准技术报告中只填写对测量结果影响较大的配套设备。但是其余的配套设备均应该在《计量标准履历书》的本栏目中逐一填写。

3.“计量标准考核（复查）记录”

（1）“计量标准名称”与《计量标准考核（复查）申请书》中的名称相一致。

（2）“申请考核日期”填写建标单位历次提出该计量标准考核或复查申请时的的具体日期。该日期应当与《计量标准考核（复查）申请书》封面上的“　　年　　月　　日”相同。

（3）“考评单位”填写历次承担该计量标准考评的单位，如“××省计量科学研究院”；如果组织考核的人民政府计量行政部门组成的考评组承担的考评，则填写“××人民政府计量行政部门组成的考评组”。

(4)“考评方式”填写“书面审查”和(或)“现场考评”。

(5)“考评员姓名”填写承担该计量标准历次考核的考评员姓名。

(6)“考核结论”填写“合格”或者“不合格”。

(7)“计量标准考核证书有效期”填写该计量标准本次考核的证书有效期。例如:2013 年 5 月 5 日—2017 年 5 月 4 日。

(8)“备注”简要叙述计量标准考核或复查中不符合或者有缺陷的事实及整改措施。

4.“计量标准器稳定性考核图表”

根据计量标准器的的具体情况,可以选择《计量标准履历书》的“计量标准器稳定性考核记录表”和“计量标准器稳定性曲线图”中一种或两种表达方式均可。对于可以测量多种参数的计量标准,每一种参数均要给出其“计量标准器稳定性曲线图”和(或)“计量标准器稳定性考核记录表”。

5.“计量标准器及主要配套设备量值溯源记录”

该记录中各个栏目的填写与《计量标准考核(复查)申请书》对应栏目的要求一致。

“结论”栏目填写各计量标准器或主要配套设备的检定或校准的结论。对于检定,填写“合格”“不合格”或“符合×等”“符合×级”;对于校准,填写是否满足校准要求。

该记录表格可以按每年一张,记录该套计量标准所有计量标准器及主要配套设备量值溯源信息,也可以按每台计量标准器及主要配套设备一张,记录该台计量标准器及主要配套设备多年的量值溯源情况。

为了适应不同计量技术机构管理的需要,该记录表格可单独使用,也可反映在电子文件或其他记录中。

6.“计量标准器及配套设备修理记录”

(1)“名称”和“出厂编号”栏目填写修理的计量标准器或配套设备的名称、规格、型号和出厂编号。

(2)“修理日期”栏目填写修理的计量标准器或配套设备的日期。

(3)“修理原因”栏目填写计量标准器或配套设备的故障情况。

(4)“修理情况”栏目填写计量标准器或配套设备修理时的情况。

(5)“修理结论”栏目填写计量标准器或配套设备经修理后,能否继续满足计量标准的要求。

(6)“经手人签字”栏目由经手人签字。

7.“计量标准器及配套设备更换登记”

计量标准器或配套设备发生任何更换,均应当进行登记。填写“计量标准器及配套设备更换登记”表格时,注意和本履历书中的“计量标准器及主要配套设备量值溯源记录”表及附录 G《计量标准更换申报表》的相关信息要相互呼应、前后一致,并对文件集中其他相关信息进行及时全面的更新。

(1)“更换前计量器具名称、型号及出厂编号”栏目填写更换前的计量标准器或配套设备的信息。

(2)“更换后计量器具名称、型号及出厂编号”栏目填写更换后的计量标准器或配套设备信息。

(3)"更换原因"栏目填写计量标准器或配套设备的更换原因。

(4)"更换日期"栏目填写计量标准器或配套设备的更换日期。

(5)"经手人签字"栏目由经手人签字。

(6)"批准部门或批准人及日期"由建标单位负责计量标准管理部门或其负责人签字批准更换事宜,并注明同意更换日期。

8."计量检定规程或计量技术规范(更换)登记"

在《计量标准履历书》应当登记开展检定或校准所依据的计量检定规程或计量技术规范,如果所依据的计量检定规程或计量技术规范发生更换,也应当在《计量标准履历书》中予以记载。

新建计量标准仅填写"现行的计量检定规程或计量技术规范编号及名称"栏目。此后,每当计量检定规程或计量技术规范发生更换时"现行的计量检定规程或计量技术规范编号及名称"栏目填写替换后的新计量检定规程或计量技术规范编号及名称;被替换的原计量检定规程或计量技术规范填写到"原计量检定规程或计量技术规范编号及名称"栏目,同时填写"更换日期"和"变化的主要内容",并判断变化的程度,在"是否实质性变化"栏目做选择。

9."检定或校准人员(更换)登记"

全部在岗检定或校准人员的有关信息应当在"检定或校准人员(更换)登记"表中予以记载,填写除"离岗日期"以外的其他所有栏目。当检定或校准人员离岗时,填写"离岗日期"栏目。

10."计量标准负责人(更换)登记"

在《计量标准履历书》应当登记计量标准负责人的信息。

在《计量标准履历书》中应当记载计量标准负责人的信息。填写"负责人姓名""接收日期""交接记事""交接人签字及日期"四栏目。其中"负责人"是指新上任的负责人;而"交接人"是指将卸任的负责人。

11."计量标准使用记录"

使用计量标准时应当填写"计量标准使用记录"。"计量标准使用记录"可以单独印制成册使用,也可以反映在其他记录中,如:检定原始记录、电子记录。

当计量标准使用频繁时,可以每隔一段合理的时间间隔记录一次。

第四节　《检定或校准结果的重复性试验记录》的填写与使用说明

一、《检定或校准结果的重复性试验记录》参考格式

《考核规范》附录E给出了《检定或校准结果的重复性试验记录》参考格式。检定或校准结果的重复性试验是指在重复性测量条件下,用计量标准对常规被检定或被校准对象(以下简称被测对象)重复测量所得示值或测得值间的一致程度。通常用重复性测量条件下所得检定或校

准结果的分散性定量地表示，即用单次检定或校准结果 y_i 的实验标准差 $s(y_i)$ 来表示。检定或校准结果的重复性通常是检定或校准结果的测量不确定度来源之一。

《考核规范》中用术语“检定或校准结果的重复性”代替了 2008 版中的“计量标准的重复性”。“检定或校准结果的重复性”表示在测量过程中所有的随机效应对测量结果的影响，包括测量对象对重复性测量的影响。在计量标准考核中该重复性实际上就是需要考核的测量不确定度的来源之一。而术语“计量标准的重复性”则不应该包括测量对象对重复性测量的影响。在不确定度评定中也不存在一个与此对应的不确定度分量，因此在计量标准考核中无法也无需直接对“计量标准的重复性”进行考核。在 2008 版中，由于历史上的原因，用的术语是“计量标准的重复性”，而实际上要求给出的是“检定或校准结果的重复性”，故名不符实。新版规范对这一术语名称的更改，实际上是回归其本意。

由于重复性要求在相同的条件下进行多次重复测量，故重复性应该在尽可能短的时间内完成。

对于新建计量标准，检定或校准结果的重复性应当直接作为不确定度来源之一，用于检定或校准结果的测量不确定度评定中。对于已建计量标准，每年至少进行一次重复性试验，如果测得的重复性不大于新建计量标准时测得的重复性，则重复性符合要求；如果测得的重复性大于新建计量标准时测得的重复性，则应当依据新测得的重复性重新进行检定或校准结果的测量不确定度的评定，如果评定结果仍满足开展的检定或校准项目的要求，则重复性试验符合要求，并可以将新测得的重复性作为下次重复性试验是否合格的判定依据；如果评定结果不满足开展的检定或校准项目的要求，则重复性试验不符合要求。

建标单位原则上应当使用《考核规范》附录 E 中的参考格式。如果该参考格式不适用，建标单位可以自行设计《检定或校准结果的重复性试验记录》格式，但是不应少于参考格式规定的信息内容。

二、《检定或校准结果的重复性试验记录》参考格式的填写与使用说明

(1)在表上方“________检定或校准结果的重复性试验记录”栏目中的空格内填写计量标准名称。

(2)“试验时间”是指进行重复性试验日期，每年至少一次。

(3)“被测对象”是指选用常规被测对象的名称、型号、规格、编号。

(4)“测量条件”填写检定或校准结果的重复性试验时的测量条件，包括温度、湿度等环境条件及试验方法等信息。

(5)“测量次数”填写重复测量次数，n 应当尽可能大，一般应当不少于 10 次。如果检定或校准结果的重复性引入的不确定度分量在检定或校准结果的测量不确定度中不是主要分量，允许适当减少重复测量次数，但至少应当满足 $n \geqslant 6$。

(6)“测量值”是指进行检定或校准结果的重复性试验时测得的单次测量结果。

(7)“结论”是指是否符合对检定或校准结果不确定度的要求。

(8)“试验人员”是指承担试验，并进行数据处理、分析、评价者。

第五节　《计量标准的稳定性考核记录》的填写与使用说明

一、《计量标准的稳定性考核记录》参考格式

计量标准的稳定性是指计量标准保持其计量特性随时间恒定的能力。计量标准的稳定性应当包括计量标准器的稳定性和配套设备的稳定性。如果计量标准可以测量多种参数，应当对每种参数分别进行稳定性考核。

《考核规范》明确规定了下述五种稳定性考核方法：采用核查标准进行考核、采用高等级的计量标准进行考核、采用控制图法进行考核、采用计量检定规程或计量技术规范规定的方法进行考核以及采用计量标准器的稳定性考核结果进行考核。建标单位应当根据计量标准的实际情况选择恰当的稳定性考核的方法，反映计量标准的稳定性。

在进行稳定性考核时，应当使用对应的稳定性考核记录，除了上述最后一种考核法需要用到《计量标准履历表》中的“计量标准器稳定性图表”外，其他四种方法都可以使用该《计量标准的稳定性考核记录》参考格式。如果该参考格式不适用，建标单位可以自行设计“稳定性考核记录”格式，但是不应少于该参考格式规定的内容。

填写“稳定性考核记录”时，应当注明所采用的考核方法，描述测量对象，简述测量条件，记录考核数据，并对考核结果作出明确的结论。计量标准的稳定性考核及判定按照《考核规范》附录 C. 2 的要求进行。

二、《计量标准的稳定性考核记录》参考格式的填写与使用说明

(1)在表上方“________的稳定性考核记录”栏目中的空格内填写被考核计量标准名称。

(2)“考核时间”是指进行计量标准稳定性考核时的日期，新建计量标准一般应当经过半年以上的稳定性考核，已建计量标准一般每年至少进行一次。

(3)“核查标准”填写进行稳定性考核选择的核查标准的名称、型号、规格、编号。核查标准一经选择不要轻易更换。

(4)“测量条件”填写计量标准的稳定性考核时的测量条件。

(5)“测量次数”新建计量标准，每隔一段时间(大于一个月)，用该计量标准对核查标准进行一组 n 次的重复测量，取其算术平均值为该组的检定或校准结果。共观测 m 组($m\geqslant4$)。已建计量标准，每年至少一次用被考核的计量标准对核查标准进行一组 n 次的重复测量。

(6)“测量值”是指进行稳定性考核时测得的单次测量结果。

(7)“变化量 $|\overline{y}_i-\overline{y}_{i-1}|$”是指本次测量结果和上次测量结果之差。

(8)“允许变化量”是指《考核规范》第 4. 2. 3 条“计量标准的稳定性”中规定的控制限。

(9)“结论”填写是否合格。如果变化量不大于允许变化量，则为“合格”，如果变化量大于允许变化量，则为“不合格”。

(10)“考核人员”指承担考核，并进行数据处理、分析、评价者。

第六节 《计量标准更换申报表》的填写与使用说明

一、《计量标准更换申报表》格式

《考核规范》附录G给出了《计量标准更换申报表》格式。在《计量标准考核证书》有效期内，计量标准中的计量标准器、主要配套设备等可能会发生变化，当这些变化没有引起计量标准的测量范围、不确定度或准确度等级或最大允许误差以及开展检定或校准的项目发生改变时，应当及时办理计量标准更换手续。

建标单位申报更换时，应当给出更换的原因和情况，并附上更换后计量标准器及主要配套设备的有效检定或校准证书复印件一份。对于重复性和稳定性有要求的，还应当进行计量标准的稳定性考核、检定或校准结果的重复性试验和检定或校准结果的不确定度评定，并将相应的《计量标准的稳定性考核记录》、《检定或校准结果的重复性试验记录》和《检定或校准结果的不确定度评定报告》纳入计量标准的文件集进行管理。

《计量标准更换申报表》用计算机打印。

二、《计量标准更换申报表》的填写与使用说明

1.“计量标准名称”

2.“代码”

3.“测量范围”

4.“不确定度或准确度等级或最大允许误差”

5.“计量标准考核证书号”

6.“计量标准考核证书有效期”

1～6栏目按《计量标准考核证书》中对应栏目填写。

7.“计量标准器及主要配套设备更换登记”

“更换前”填写被更换的设备，“更换后”填写更换后的新设备。若同时更换一种以上的标准器或主要配套设备，“更换前”和“更换后”的填写次序应当一一对应。

发生更换的计量标准器及主要配套设备“名称”“型号”“测量范围”“不确定度或准确度等级或最大允许误差”“制造厂及出厂编号”“检定或校准机构及证书号”等栏目填写要求同《计量标准考核(复查)申请书》。

在计量标准有效期内更换计量标准器或主要配套设备，《计量标准更换申报表》中“更换前”计量标准器或主要配套设备各项目的填写内容应当与原《计量标准考核证书》中同一设备的相应栏目一致。

在申请计量标准复查考核时更换计量标准器或主要配套设备，《计量标准考核(复查)申请书》中应当填写更换后的计量标准器或主要配套设备，并填写《计量标准更换申报表》一式两份。

8.“更换情况”

《考核规范》将计量标准的更换分为计量标准器更新、计量标准器增加、计量标准器减少、主

要配套计量设备更新、主要配套计量设备增加、主要配套计量设备减少及其他等七种情况，建标单位可根据具体情况选择，选择其他，应当进行说明。

9.“更换原因”

是指发生更换的主要理由。包括所依据的计量检定规程或计量技术规范发生变更、原计量标准器或主要配套设备出现问题、检定或校准工作量发生变化等，建标单位可根据具体情况选择，选择其他，应当进行说明。

10.“更换后测量范围，不确定度或准确度等级或最大允许误差，以及开展检定或校准项目的变化情况”

是指计量标准发生更换引发的后果，填写上述几方面是否发生变化以及变化的具体情况。

11.“建标单位意见”

由建标单位的主管领导签署意见并加盖公章。

12.“主持考核的人民政府计量行政部门意见”

由主持考核的人民政府计量行政部门签署意见并加盖公章。《计量标准更换申报表》一式两份，更换申报程序完成后，建标单位和主持考核的人民政府计量行政部门，各执一份，归档管理。

第七节　《计量标准封存(或撤销)申报表》的填写与使用说明

一、《计量标准封存(或撤销)申报表》格式

《考核规范》附录 H 给出了《计量标准封存(或撤销)申报表》格式。处于《计量标准考核证书》有效期之内，计量标准需要封存或撤销时，建标单位应当填写《计量标准封存(或撤销)申报表》一式两份，报主持考核的人民政府计量行政部门核准。《计量标准封存(或撤销)申报表》用计算机打印。

二、《计量标准封存(或撤销)申报表》的填写与使用说明

1.“计量标准名称”

2.“代码”

3.“测量范围”

4.“不确定度或准确度等级或最大允许误差”

5.“计量标准考核证书号”

6.“计量标准考核证书有效期”

1～6 栏目的填写要求与《计量标准考核证书》中的相应栏目一致。

7.“申请类型”

按具体情况分别选择“封存”或“撤销”。

8.“封存(或撤销)原因”

《考核规范》将计量标准封存或撤销原因，分为五种情况，建标单位可根据自身情况类别，对

应选择。如有其他需要说明的情况，可在“需要说明的其他情况”内具体说明。

9.“申请停用时间”

填写计量标准封存的计划起止时间。

10.“建标单位意见”

由建标单位的主管领导签署申报意见并加盖公章。

11.“建标单位主管部门意见”

由建标单位的主管部门签署意见并加盖公章。

12.“主持考核的人民政府计量行政部门意见”

由主持考核的人民政府计量行政部门签署核准意见并加盖公章。

《计量标准封存(或撤销)申报表》一式两份，封存或撤销申报程序完成后，建标单位和主持考核的人民政府计量行政部门，各存档一份。

第八节　《计量标准考核报告》的填写与使用说明

一、《计量标准考核报告》格式

2016 版规范将原规范附录 J、附录 J－1“计量标准考评表”、附录 J－2“计量标准整改工作单”合并为附录 J《计量标准考核报告》。《考核规范》附录 J 给出了其格式。

二、《计量标准考核报告》的使用说明

所有计量标准考核都应当填写《计量标准考核报告》。《计量标准考核报告》应当包括正文和“计量标准考评表”；需要整改时，还应当填写“计量标准整改工作单”。《计量标准考核报告》的主体内容由承担考评的计量标准考评员填写。考评单位或考评组、组织的人民政府计量行政部门的负责人应当在相应栏目中签署意见。考评时，计量标准考评员根据考评情况在“计量标准考评表”的“考评结果”栏目下相应的位置打“√”。其他有必要说明的事宜，请填写在“考评记事”栏目中。

《计量标准考核报告》要求用计算机打印。

《计量标准考核报告》无计量标准考评员签字无效。

三、《计量标准考核报告》正文的填写

(一)封面

1.“[　　]　　量标　　证字第　　号”

填写《计量标准考核证书》的编号，新建计量标准申请考核时不必填写，复查考核，根据主持考核的人民政府计量行政部门签发的《计量标准考核证书》填写《计量标准考核证书》的编号。

2.“考核计划编号”

填写组织考核的人民政府计量行政部门下达的考核计划中相应项目的编号。

3.“计量标准名称”

按《计量标准考核(复查)申请书》和《计量标准技术报告》中的计量标准名称填写。考评员应当根据JJG 1022—2014《计量标准命名规范》审查名称的正确性,并按照正确的名称填写。

4.“计量标准代码”

按《计量标准考核(复查)申请书》中的计量标准代码填写。考评员应当根据JJG 1022—2014《计量标准命名规范》审查代码的正确性,并按照正确的名称填写。

5.“建标单位名称”

填写建标单位名称的全称。该名称应当与《计量标准考核(复查)申请书》中的建标单位名称和《计量标准技术报告》中的建标单位名称一致。

6.“考评单位名称”

填写承担计量标准考评任务单位的全称。如果是直接由组织考核的人民政府计量行政部门组成考评组执行考评任务,则该栏目填写组织考核的人民政府计量行政部门的名称。

7.“考核类型”

考核类型分为新建和复查,根据实际情况在选择的新建或复查前面的“□”内打“√”。

8.“考评方式”

考评方式分为书面审查和现场考评,根据实际情况在相应的“□”内打“√”。如果只是通过书面审查进行计量标准考评,则在书面审查前面的“□”内打“√”;如果进行了现场考评,则在书面审查和现场考评前面的“□”内均要打“√”。

9.“考评日期”

填写完成考评任务最后一天的日期。

(二)《计量标准考核报告》内容

1.“计量标准名称”

按《计量标准考核报告》封面中的计量标准名称填写。应当与封面的“计量标准名称”栏目保持完全一致。

2.“计量标准考核证书号”

即《计量标准考核证书》的编号,新建计量标准申请考核时不必填写,复查考核,根据主持考核的人民政府计量行政部门签发的《计量标准考核证书》填写《计量标准考核证书》的编号。

3.“保存地点”

填写该计量标准的存放地点,应当与《计量标准考核(复查)申请书》中相应栏目的填写完全一致。

4.“计量标准原值(万元)”

填写该计量标准的计量标准器和配套设备原值的总和,单位为万元,数字一般精确到小数点后两位。该原值应当和《计量标准考核(复查)申请书》中“计量标准原值(万元)”相一致。

5.“计量标准类别”

需要考核的计量标准，分为社会公用计量标准，部门最高计量标准和企事业单位最高计量标准三类。经过人民政府计量行政部门授权的，属于计量授权。此处应当根据该计量标准的情况在对应的“□”内打“√”。

6.“测量范围”

填写该计量标准的量值或量值范围。考评员应当对《计量标准考核(复查)申请书》相应栏目进行审查并确认后填写。

7.“不确定度或准确度等级或最大允许误差”

填写方法参见《计量标准考核(复查)申请书》的相应栏目的填写说明。考评员应当对《计量标准考核(复查)申请书》相应栏目进行审查并确认后填写。

8.“计量标准器”和“主要配套设备”

填写方法参见《计量标准考核(复查)申请书》相应栏目的填写说明。填写时考评员应当对《计量标准考核(复查)申请书》的相应栏目进行审查并确认。特别是“末次检定或校准日期”及“检定或校准机构及证书号”两栏目应当引起注意，因为《计量标准考核(复查)申请书》是在申请时填写的，到考评员考评时，时间可能是几个月之后，“计量标准器”和“主要配套设备”原来的检定或校准日期、证书号可能已经过期，考评员应当按照“计量标准器”和“主要配套设备”最新送检或送校取得的检定或校准证书的信息进行填写。

9.“开展的检定或校准项目”

本栏目填写被检定或被校准计量器具(即计量标准开展计量检定或校准的项目)的信息，填写时考评员应当对《计量标准考核(复查)申请书》的相应栏目进行审查并确认。

“名称”栏目填写被检或被校计量器具的名称(或参数)，如果只能开展校准，应当在被校计量器具名称(或参数)后面注明“校准”字样。

“测量范围”栏目填写被检或被校计量器具的量值或量值范围。

“不确定度或准确度等级或最大允许误差”栏目填写用该计量标准对被检计量器具或被校准对象进行测量时所能达到的测量不确定度或准确度等级或最大允许误差。填写时请用前面已规定的符号明确注明所填写参数的含义。具体采用何种参数表示应当遵从本专业的规定或约定俗成。

“所依据的计量检定规程或计量技术规范的编号及名称”填写开展计量检定或校准所依据的计量检定规程或计量技术规范的编号及名称。填写时先写计量检定规程或计量技术规范的编号，再写名称全称。若涉及多个计量检定规程或计量技术规范时，则应当全部分别予以列出。

此处应当填写被检定或被校准计量器具的计量检定规程或计量技术规范，而不是计量标准器或主要配套设备的计量检定规程或计量技术规范。

填写本栏目时，考评员应当审查《计量标准考核(复查)申请书》中“开展的检定及校准项目”，并评定其正确性，确认计量标准开展的检定或校准项目。“开展的检定及校准项目”栏目的填写要求与《计量标准考核(复查)申请书》中的“开展的检定及校准项目”栏目相同。考评员应当将确认后的测量能力填入此栏目。

10.“考评结论及意见”

(1)“考评结论”

考评结论分为合格、需要整改、不合格和其他。根据具体情况进行选择，并在相应的“□”内打“√”。

(2)“考评意见”

完成考评工作后，考评员应当将考评意见填入本栏目空白处。

(3)如果选择需要整改，考评员应当填“计量标准整改工作单”。

(4)考评员应当在考评结论及意见栏目签字，并注明签字日期。如在考评中存在重大分歧，考评双方经过交流未达成一致意见，应当在该栏目予以记载。

11.“考评员信息”

填写“考评员姓名”“工作单位名称”“考评员证号”“核准考评项目”及“联系电话”等考评员信息。参加考评的技术专家也同样填写有关信息：“考评员姓名”栏目填写承担计量标准考评技术专家的姓名；“工作单位名称”填写技术专家工作单位的名称；“考评员证号”栏目填“专家”；“核准考评项目”一栏可以不填；“联系电话”栏目填写技术专家的办公电话或手机号码。

12.“计量标准整改工作单”

“计量标准整改工作单”先由考评员填写，建标单位签收。建标单位完成整改后，填写整改结果，再由考评员确认后签字。

(1)“计量标准名称”

按照《计量标准考核报告》封面的“计量标准名称”栏目的内容填写。

(2)“考核计划编号”

填写考核计划中相应项目的编号。

(3)“建标单位名称”

按照《计量标准考核报告》封面的“建标单位名称”栏目的内容填写。

(4)“考评时间”

按照《计量标准考核报告》封面的“考评日期”栏目的内容填写。

(5)“序号”

按照 1，2，3，…，n 的顺序填写。

(6)“对应的考核规范条款号”

按照考核要求的条款号填写。例如：“测量范围”的条款号为 4.2.1，“文件集的管理”的条款号为 4.5.1。

(7)“整改内容”

描述清楚“有缺陷”和“不符合”的事实，并指出如何进行整改。

(8)“重点项”与“非重点项”

注明是否是带“*”项目，带“*”为重点项，其余为非重点项。

(9)“整改期限”

明确整改期限和完成整改工作的日期，建标单位应当将整改情况报考评员确认，过期未能提交整改资料的，视为自动放弃，即按考评不合格处理。

(10)“考评员签字”“考评员联系电话”

考评员在考评后填写上述情况后签字确认并留下联系电话。

(11)“计量标准负责人签收”“计量标准负责人联系电话”

计量标准负责人签收“计量标准整改工作单”并留下联系电话。

(12)“整改结果”

建标单位明确整改结果,加盖公章,并附整改证明资料。

(13)“考评员确认签字”

考评员审查整改结果和整改证明资料后签字确认。

13.“整改的验收及考评结论”

如果考评结论为“需要整改”时,填写本栏目。

(1)“整改的验收意见”

考评员审查“计量标准整改工作单”和建标单位提交的整改证明资料后,考评员应当将整改的验收意见填入本栏目空白处。

(2)“考评结论”

考评结论分为合格和不合格。根据具体情况填写考核结论,并在相应的“□”内打“√”。

(3)有需要说明的情况,在“需要说明的内容”后填写。

(4)考评员应当在考评结论及意见栏目签字,并注明签字日期。

14.“考评单位或考评组意见”

如果是考评单位承担考评任务,考评单位有关负责人应对考评员的考评结论进行复核,签署意见并签名和加盖考评单位的公章;如果是考评组承担考评任务,考评组组长应当对考评员的考评结论进行复核,签署意见并签名。

15.“组织考核的人民政府计量行政部门意见”

组织考核的人民政府计量行政部门有关负责人对考评单位或考评组的考评签署意见结论进行审核,并签名和加盖组织考核的人民政府计量行政部门的公章。

四、“计量标准考评表”的填写

(一)“计量标准考评表”填写说明

(1)“计量标准考评表”中考评内容共六方面 30 项。带“ * ”的项目为重点考评项目,共 10 项;带“△”的项目为书面审查项目,共 20 项;带“○”的项目为可以简化考评的项目,共 4 项。

(2)计量标准考评中考评员应当对“计量标准考评表”中相关项目逐项进行考评。

(3)考评员根据每个项目考评的考评结论,分别在“考评结果”栏目下四个子栏目之一内打“√”。每一个项目只能打一个“√”。

考评结论分四种:“符合”“不符合”“有缺陷”和“不适合”。其判断原则见表 6 - 1。

表 6-1　四种考评结论的判断原则

结论	判断原则
符合	所有指标均符合要求
有缺陷	全部主要指标符合要求，有个别的次要指标不符合要求
不符合	有一项主要指标不符合要求。例如：没有使用有效的计量检定规程版本；或计量标准器没有按期溯源；或没有有效的检定或校准证书等
不适合	该项目不适合被考评的计量标准

(4)考评时，如果有重点考评项目不符合要求，则为考评不合格；重点考评项目有缺陷或其他项目不符合或有缺陷时，可以限期整改，整改时间一般不超过 15 个工作日。超过整改期限仍未改正者，则为考评不合格。

(5)对于构成简单、准确度等级低、环境条件要求不高，仅用于开展计量检定，并列入国家质量监督检验检疫总局发布的《简化考核的计量标准目录》的计量标准，其检定或校准结果的重复性、计量标准稳定性、检定或校准结果的测量不确定度评定以及检定或校准结果的验证等 4 个项目可以不作要求。

(6)如果出现“有缺陷”“不符合”或者“不适合”应当在“考评记事”栏目内记录客观证据。例如：不符合的事实或证明资料的名称。

(7)对于某些比较容易整改的问题，考评员可允许建标单位立即改正。“考评结果”按改正后的情况评定，但需在考评记事中予以记载。

(二)“计量标准考评表”的填写

1. 关于“4.1 计量标准器及配套设备”

(1)“4.1.1 计量标准器及配套设备配置科学合理、完整齐全，并满足开展检定或校准工作的需要”

根据有关计量检定规程或计量技术规范的要求检查《计量标准考核(复查)申请书》中所配置的计量标准器及配套设备是否科学合理、完整齐全，是否满足开展检定或校准工作的需要。如果达到要求，则判为“符合”；如果达不到要求，则判为“不符合”；如果计量标准器及主要配套设备符合要求，只有次要的配套设备不符合要求，则判为“有缺陷”。

(2)“4.1.2 计量标准器及主要配套设备的计量特性符合相应计量检定规程或计量技术规范的规定，并满足开展检定或校准工作的需要”

检查所用的计量标准器及主要配套设备实物、使用说明书、检定或校准证书等，判断计量标准器及主要配套设备的测量范围、不确定度或准确度等级或最大允许误差等计量特性是否符合相应计量检定规程或计量技术规范的规定。如果达到要求，则判为“符合”；如果达不到要求，则判为“不符合”；如果计量标准器及主要配套设备的主要计量特性符合要求，只有次要的性能不符合要求，则判为“有缺陷”。

(3)“4.1.3 计量标准的溯源性符合要求，计量标准器及主要配套设备均有连续、有效的检定或校准证书”

对于计量标准器，应当经法定计量检定机构或人民政府计量行政部门授权的计量技术机构检定合格或校准来保证。而对于主要配套设备，可以通过自检或其他符合法律规定允许进行量传的计量技术机构的检定或校准来保证。如果是新建计量标准，检查所用的计量标准器及主要配套设备最新的检定或校准证书；如果是复查计量标准，除了检查所用的计量标准器及主要配套设备最新的检定或校准证书，还需要检查 4 年以来的所有检定或校准证书，看其是否连续溯源。

如果达到要求，则判为“符合”；如果达不到要求，则判为“不符合”；如果计量标准器及主要配套设备的溯源性符合要求，只有次要的配套设备的溯源性不符合要求，则判为“有缺陷”。

2. 关于“4.2 计量标准的主要计量特性”

(4)“4.2.1 测量范围表述正确”

审查申请资料中计量标准的测量范围表述是否正确，是否满足开展检定或校准的需要。如果达到要求，则判为“符合”；如果达不到要求，则判为“不符合”；如果计量标准本身的测量范围满足开展检定或校准的需要，只是表述不完整、不一致，则判为“有缺陷”。

(5)“4.2.2 不确定度或准确度等级或最大允许误差表述正确”

审查申请资料中不确定度或准确度等级或最大允许误差表述是否正确，是否满足开展检定或校准的需要。如果达到要求，则判为“符合”；如果达不到要求，则判为“不符合”；如果计量标准本身的确定度或准确度等级或最大允许误差满足开展检定或校准的需要，只是表述不完整、不一致，则判为“有缺陷”。

(6)“4.2.3 计量标准的稳定性合格”

审查申请资料中计量标准的稳定性考核方法和结果是否符合要求。

从下述几方面检查计量标准的稳定性是否符合要求：

① 选用的稳定性考核方法是否适宜，是否符合《考核规范》的规定；

② 稳定性考核时采用的测量程序、数据是否符合《考核规范》的规定；

③ 所得的稳定性结果是否符合《考核规范》的规定。

如果达到要求，则判为“符合”；如果达不到要求，则判为“不符合”；如果计量标准的稳定性考核方法和结果基本正确，只是试验数据和记录不太完善等次要不符合，则判为“有缺陷”。

(7)“4.2.4 计量标准的其他计量特性符合要求”

审查申请资料中计量标准的其他计量特性是否符合要求。考评员根据项目的具体情况进行判断。

3. 关于“4.3 环境条件及设施”

(8)“4.3.1 温度、湿度、照明、供电等环境条件符合要求”

① 对于计量检定规程或计量技术规范中提出具体要求的环境项目：

全部达到要求，为“符合”；如有一项达不到要求即为“不符合”。

② 对于计量检定规程或计量技术规范中未提出具体要求，但对测量不确定度有显著影响的环境项目：

应当依据测量不确定度评定中对该环境条件所作的规定来进行判断。如达到要求判为“符合”；如达不到要求，则应当按实际环境条件对测量不确定度重新进行评定，评定结果合格，判为“有缺陷”；否则为不合格。

③ 对于计量检定规程或计量技术规范中未提出具体要求，并且对测量不确定度影响不大

的环境项目：

如果该环境条件的变化，已严重影响到检定或校准工作的正常进行，判“有缺陷”，否则均判“符合”。

(9)“4.3.2 设施的配置符合要求；互不相容的区域进行了有效隔离”

根据计量检定规程或计量技术规范的要求，检查设施的配置情况；从实验室布局整齐，环境清洁卫生，以及室内有无与检定、校准或其他实验工作无关的杂物及隔离措施等方面来进行判断互不相容的区域是否进行有效隔离，能否防止相互干扰、相互影响。

如果均达到要求，则判为“符合”；如果设施的配置达不到要求，则判为“不符合”；如果未进行有效隔离，但对检定或校准结果影响不显著，则判为“有缺陷”。

(10)“4.3.3 环境条件进行了有效的监控”

对环境条件应当有有效的监控设备。所谓“监控”不一定指必须能自动控制环境条件，考评员根据计量检定规程或计量技术规范的要求及项目的具体情况进行判断。

如果按照计量检定规程或计量技术规范的要求进行了有效的监控，则判为“符合”；如果未按照计量检定规程或计量技术规范的要求配置监控设备、未进行有效的监控，则判为“不符合”；如果按照计量检定规程或计量技术规范的要求配置监控设备、但未完全进行有效的监控，则判为“有缺陷”。

4. 关于“4.4 人员”

(11)“4.4.1 有能够履行职责的计量标准负责人”

计量标准负责人是指对计量标准的技术方面负责的人员，计量标准负责人应当能对该计量标准全面负责，并能解决有关该计量标准的具体技术问题，具有对计量标准的使用、维护、溯源、文件集的建立与更新等方面的能力。

(12)“4.4.2 配备了两名以上具有相应能力的检定或校准人员”

建标单位是否配备了两名以上的检定或校准人员，其技术能力是否满足开展检定或校准项目的要求。从下列几方面进行判断：

① 从建标单位提供的检定或校准人员能力证明文件，例如：《注册计量师资格证书》、《注册计量师注册证》、原来的《计量检定员证》、“计量专业项目考核合格证明”或“培训合格证明”等，判断检定或校准人员的能力是否能覆盖该计量标准所开展的检定或校准项目；

② 被确定进行实际操作考核的两名检定或校准人员是否是《计量标准考核(复查)申请书》中的检定或校准人员。

③ 实际操作的检定或校准人员的技术能力和现场实验的检定或校准结果是否满足《考核规范》的要求。

5. 关于“4.5 文件集”

(13)“4.5.1 文件集的管理符合要求”

检查文件集中文件是否符合《考核规范》第 4.5.1 条的要求，是否包括了《考核规范》规定的 18 个方面的文件。

检查文件集的的管理是否符合要求，各种文件是否为有效的版本。

本条重点审查以下方面：

① 有计量标准操作程序且内容完整、正确

a. 是否有计量标准操作程序；

b. 计量标准操作程序是否规范、完整。

② 有计量标准履历书且内容填写完整

计量标准履历书中各栏目的填写是否符合要求。

③ 计量标准更换按要求进行

计量标准器和主要配套设备的更换是否按规定进行了申报和审批。

④ 有使用说明书

计量标准器一般应当有使用说明书。说明书应当由使用人员保存，以备随时查阅。对于规定由专门部门统一保管使用说明书的单位，使用人员应当保存使用说明书的复印件，如因篇幅较大而无法全套复印时，使用人员应当至少保存关键部分的复印件。

使用说明书遗失后应当设法复制。如果实在已无法得到，则可按下述情况区别对待：

a. 如果无使用说明书已经影响到该计量标准器的正常使用，则判为“不符合”；

b. 如果无使用说明书并不影响该计量标准器的正常使用，并且该计量标准器已经购置很长时间，无法重新得到(对于计量标准复查，这种情况出现较多)，则可以判为“不适合”。

(14)“4.5.2 有有效的计量检定规程或计量技术规范”

① 所进行检定或校准的项目应该有符合《考核规范》4.5.2 条要求的计量检定规程或计量技术规范，如国家、部门或地方颁布的有效计量检定规程或国家计量技术规范。

② 在进行检定和校准的场所，应当备有有效的计量检定规程或计量技术规范以备随时查阅。

关于“4.5.3 计量标准技术报告”

(15)“4.5.3.1 计量标准技术报告更新及时，有关内容填写齐全、表述清晰”

检查《计量标准技术报告》内容是否完整、正确；当计量标准器及主要配套设备、环境条件及设施、计量检定规程或计量技术规范等发生变化，引起计量标准主要计量特性发生变化时，是否及时修订了《计量标准技术报告》；检查《计量标准技术报告》中建立计量标准的目的、计量标准的工作原理及其组成、计量标准的稳定性考核、结论及附加说明等方面内容描述是否正确，是否符合所建计量标准对应的国家计量检定系统表和计量检定规程或计量技术规范的规定和要求。

(16)“4.5.3.2 计量标准器及主要配套设备信息填写正确”

考评员根据填写要求结合项目的具体情况进行判断。

(17)“4.5.3.3 计量标准的主要技术指标及环境条件填写正确”

从下述几方面检查主要技术指标及环境条件的填写是否正确：

① 计量标准的测量范围、不确定度或准确度等级或最大允许误差以及计量标准的稳定性等基本概念是否正确；

② 对计量标准的测量范围、不确定度或准确度等级或最大允许误差以及计量标准的稳定性等表述是否正确；

③ 是否明确地表述清楚所给参数的含义；

④ 表述方法是否符合本专业领域的规定或约定俗成；

⑤ 温度、湿度等环境条件的填写是否完整、正确。

(18)"4.5.3.4 计量标准的量值溯源和传递框图正确"

检查是否根据与所建计量标准相应的国家计量检定系统表、计量检定规程或计量技术规范的规定，画出该计量标准溯源到上一级和传递到下一级的量值溯源和传递框图。

(19)"4.5.3.5 检定或校准结果的重复性试验符合要求"

审查检定或校准结果的重复性试验方法和结果是否符合要求。

从下述几方面检查检定或校准结果的重复性是否符合要求：

① 按《考核规范》所规定的方法测量检定或校准结果的重复性。若所得结果不大于测量不确定度评定中所采用的重复性数据，判为"符合"。

② 若所得结果大于测量不确定度评定中所采用的重复性数据，则应当重新进行测量不确定度的评定。如评定结果仍符合要求，则判为"符合"，否则判为"不符合"。

③ 若重复性试验方法和结果基本正确，只是试验数据和记录不太完善等次要不符合，则判为"有缺陷"。

④ 新建计量标准进行了重复性试验，并将得到的重复性用于检定或校准结果的测量不确定度评定，已建计量标准，每年至少进行了一次重复性试验，测得的重复性满足检定或校准结果的测量不确定度的要求，判为"符合"，否则判为"不符合"。

(20)"4.5.3.6 检定或校准结果的测量不确定度评定的步骤、方法正确，评定结果合理"

从下述几方面检查测量不确定度的评定是否合理：

① 测量不确定度评定中，各输入量的误差限是否符合计量检定规程或计量技术规范的规定；

② 所提供的测量不确定度是否包含被测对象和环境条件对测量结果的影响；

③ 测量不确定度的评定方法是否符合 JJF 1059.1《测量不确定度评定与表示》的规定，或符合有关领域的测量不确定度评定细则的规定；

④ 所用计量术语的含义是否符合 JJF 1001—2010《通用计量术语及定义》的规定；

⑤ 测量不确定度的评定程序是否正确；

⑥ 用以评定测量不确定度的数学模型是否完整，是否包含了所有对测量不确定度有影响的输入量；

⑦ 是否给出测量不确定度分量一览表，并且其中应当包含足够的信息；

⑧ 得到包含因子 k 值的方法是否合理；

⑨ 扩展不确定度的表述方法是否正确；

⑩ 得到的测量不确定度是否符合有关计量检定规程或计量技术规范的要求；

⑪ 对于可以测量多个参数的计量标准，是否对每一个参数进行了测量不确定度的评定；

⑫ 所给出的不确定度能否覆盖全部测量范围。

(21)"4.5.3.7 检定或校准结果的验证方法正确，验证结果符合要求"

《考核规范》规定了可以采用两种方法进行"检定或校准结果的验证"，即传递比较法和比对法。两种方法不是并列和任选的。其中传递比较法应当是首选，其原因是传递比较法的可靠性较高，并能保证其溯源性。

采用传递比较法时，使用被考核的计量标准测量一稳定的被测对象，然后将该被测对象用高等级的计量标准再次测量，所得到的两次测量结果符合传递比较法验证要求的，判为"符合"，否则判为“不符合”。

只有在无法找到更高一级的计量标准时，才能采用比对法，并且参加比对的建标单位应当尽可能多。

可从下述几方面检查检定或校准结果的验证是否合理：

① 当采用比对法时，是否确实无法找到更高一级的计量标准来进行传递比对；

② 当采比对法时，是否参加比对的建标单位已足够多；

③ 是否给出了检定或校准结果验证的全部测量数据；

④ 是否对所得到的测量结果的合理性作出正确的判断。

关于“4.5.4 检定或校准原始记录”

(22)“4.5.4.1 原始记录格式规范、信息量齐全，填写、更改、签名及保存等符合要求”

从以下几方面审查原始记录是否符合相应规定：

1 原始记录的格式是否符合有关计量检定规程或计量技术规范的规定；

2 原始记录信息量及保存等是否符合相应规定；

3 原始记录的填写是否符合规定；

4 原始记录需要更改是否符合要求，更改不得涂圈。应当进行杠改，修改后的数字应当写在边上，修改后应当能看清修改前和修改后的数字，在修改后的数字边上应当有签名；

⑤ 原始记录签名是否符合要求，原始记录不仅要签名，还要有签名的日期。

(23)“4.5.4.2 原始记录数据真实、完整，数据处理正确”

检查建标单位用该计量标准进行检定或校准的原始记录中的观测结果、数据和计算是否是在检定或校准时准确及时予以记录，数据处理是否正确，是否对离群值进行了判别和剔除，并进行评价。

关于“4.5.5 检定或标准证书”

(24)“4.5.5.1 证书的格式、签名、印章及副本保存等符合要求”

检查建标单位用该计量标准进行检定或校准所出具的证书的格式、签名、印章及副本保存等是否符合要求，并进行评价。

(25)“4.5.5.2 检定或校准证书结果正确，内容符合要求”

检查建标单位用该计量标准进行检定或校准所出具的证书结论是否正确，测量项目是否齐全，数据是否完整、正确，其他内容是否符合要求，并进行评价。

(26)“4.5.6 制订并执行相关管理制度”

检查建标单位是否按《考核规范》规定制订并执行八项管理制度，制度的内容是否能保证计量标准正常运行。

6. 关于“4.6 计量标准测量能力的确认”

(27)“4.6.1 通过对技术资料审查确认计量标准具有相应测量能力”

通过建标单位提供的测量能力的验证、稳定性考核、重复性试验等技术资料，综合判断计量标准是否处于正常工作状态，测量能力是否满足开展检定或校准工作的需要。考评员应当在“考评记事”栏目注明相应的证明材料，例如：测量能力的验证、稳定性考核或重复性试验等技术资料目录及简要情况。

(28)“4.6.2.1 检定或校准方法、操作程序、过程等符合计量检定规程或计量技术规范的要求”

在进行操作技能考评时，要考评事先确定的两名检定或校准人员（必要时，考评员可以增加现场实验人员）。被考评人员应是《计量标准考核（复查）申请书》中备案的检定或校准人员。

考评时，检查被考人员是否按《计量标准操作程序》中规定的步骤进行。检查所用的方法是否符合计量检定规程或计量技术规范的要求。

（29）“4.6.2.2 检定或校准结果正确”

现场实验时，考评员应当检查出具的检定或校准证书格式是否符合要求。测量结果及测量不确定度的表述是否正确，是否会使用户产生误解，检定或校准证书中是否具有足够的信息。现场实验时，考评员还要检查检定或校准的人员数据处理是否正确，并根据测量结果和参考值之差的大小来判断测量结果是否处于合理范围内。判断方法参见本书第四章第三节现场考评中的有关内容。

（30）“4.6.2.3 回答问题正确”

现场提问主要从三方面来进行：有关的专业性问题，计量检定规程和技术规范中的有关问题和考核中发现的问题，考评时应当作好记录并进行评价。

第九节　《计量标准考核证书》的填写与使用说明

一、《计量标准考核证书》格式

《考核规范》附录K给出了《计量标准考核证书》的格式。主持考核的人民政府计量行政部门对组织考核的人民政府计量行政部门、考评单位或考评组上报的考核材料及考评员的考评结果进行审核，批准考核合格的计量标准，制作并签发《计量标准考核证书》。

二、《计量标准考核证书》的填写与使用说明

1.“[　　]　　量标　　证字第　　号”

《计量标准考核证书》的编号是计量标准的身份标识，该编号具有唯一性。如果该计量标准的不确定度、准确度等级或最大允许误差未发生变化，其编号终身不变。《计量标准考核证书》正页和背页相应位置均应当填写该编号。

《计量标准考核证书》的编号采用以下规则：

“[　　]”中填写新建计量标准考核（第一次发证）的年度；

“量标”前面填写国家级、省级、市（地）级、县级发证机关的区域简称或区域名称，如：国（表示国家）、沪（表示上海市）、甬（表示浙江省宁波市）、梁山（表示山东省梁山县）；

“证字”前面按照计量标准的三种类别分别填写，例如北京地区的社会公用计量标准编为“京法”，上海市无主管部门企事业单位建立的最高计量标准编为“沪企”；梁山县的企事业单位建立的最高计量标准编为“梁山企”；

“第　　号”填写证书流水号即可。

例:[1987]国量标京法证字第 038 号;

[2007]沪量标沪企证字第 122 号;

[2008]梁山量标梁山企证字第 056 号。

2."建标单位名称"

建标单位名称应当填写其全称。

3."计量标准名称"等

《计量标准考核证书》内容,包括计量标准名称、测量范围、不确定度或准确度等级或最大允许误差、保存地点、计量标准器、主要配套设备、开展的检定或校准项目等信息,按照《计量标准考核报告》中相关内容填写。

4."发证日期 年 月 日"

按主持考核的人民政府计量行政部门负责人审批发证日期填写。

5."有效期至 年 月 日"

"有效期至"填写自审批发证日期四年后的日期。例如:发证日期为 2013 年 6 月 18 日,"有效期至"则填写为 2017 年 6 月 17 日。

6."发证机关(印章)"

证书应当加盖主持考核的人民政府计量行政部门机关印章或主持考核的人民政府计量行政部门授权的计量标准考核专用章。

第十节 《计量标准考评工作意见表》的填写与使用说明

一、《计量标准考评工作意见表》格式

《考核规范》附录 L 给出了《计量标准考评工作意见表》的格式。

建标单位对计量标准考评工作及考评结论有异议、意见、建议,可填写该表,并将其反馈给组织考核或主持考核的人民政府计量行政部门。组织考核或主持考核的人民政府计量行政部门收到此表后,应当立即进行核查并进行处理。

二、《计量标准考评工作意见表》的填写与使用说明

(1)《计量标准考评工作意见表》的第 1 项到第 6 项是建标单位对考评员计量标准考评工作及考评结论的评价意见,建标单位在所选项目"□"中打"√"。

(2)第 7 项是对考评工作的意见和建议,建标单位应当用文字和数据详细反映意见和建议。

(3)建标单位应当实事求是地反映情况,并将填写的《计量标准考评工作意见表》加盖公章后提交给组织考核或主持考核的人民政府计量行政部门。

第十一节　《计量标准环境条件及设施发生重大变化自查表》的填写与使用说明

一、《计量标准环境条件及设施发生重大变化自查表》格式

《考核规范》附录M)给出了《计量标准环境条件及设施发生重大变化自查表》格式。

在《计量标准考核证书》的有效期内，如果计量标准的环境条件及设施发生变化，建标单位应当对变化情况自查并评估该变化对计量特性的影响，实施自律管理。

计量标准的环境条件及设施发生诸如实验室搬迁、修缮、调整、整体或部分改造、实验室空调系统改造等重大变化后，建标单位应当及时按照《计量标准环境条件及设施发生重大变化自查表》(格式见《考核规范》附录M1、M2)的要求进行自查，并向主持考核的人民政府计量行政部门报告，提交《计量标准环境条件及设施发生重大变化自查一览表》。对于环境条件及设施发生重大变化后，引起主要计量特性发生变化的计量标准，应当立即停止检定或校准工作，及时向主持考核的人民政府计量行政部门报告，办理计量标准封存手续。自查结论出具后，评估变化的影响程度，再决定是否解封计量标准，按照《考核规范》“7.4 计量标准的恢复使用”的规定处理后续事务。

如果计量标准的环境条件及设施发生重大变化，对主要计量特性无影响时，可将《计量标准环境条件及设施发生重大变化一览表》和《计量标准环境条件及设施发生重大变化自查表》纳入“计量标准文件集”或“计量标准履历书”的文件管理范围中。

如果计量标准的环境条件及设施发生重大变化，对主要计量特性有影响时，建标单位应当通过计量标准的稳定性考核、检定或校准结果的重复性试验等方式确认计量标准能否保持其正常工作状态。必要时，应当将计量标准器及主要配套设备重新进行溯源，或者向主持考核的人民政府计量行政部门申请提前进行复查考核。

二、《计量标准环境条件及设施发生重大变化自查表》的填写与使用说明

《计量标准环境条件及设施发生重大变化自查表》分为两部分，一是《计量标准环境条件及设施发生重大变化自查一览表》，着重于变化的原因和对计量特性影响的评估，二是《计量标准环境条件及设施发生重大变化自查记录表》则着重于变化的后果、自查结论和处理措施。

(一)《计量标准环境条件及设施发生重大变化自查一览表》的填写与使用说明

1.“建标单位名称”

2.“计量标准名称”

3.“计量标准考核证书编号”

4.“有效期”

1～4栏目按照《计量标准考核证书》的相应栏目要求填写。

5.“变化类型”

根据引起环境条件及设施发生重大变化产生的原因：搬迁、设施改造、实验室改造等情况，

对应选择。

6.“对计量标准主要计量特性有无重大影响”

依据变化影响程度，对计量标准主要计量特性有无重大影响进行评估后，对应选择。

7.“备注”

填写其他需要说明的事项。

（二）《计量标准环境条件及设施发生重大变化自查记录表》的填写与使用说明

1.“建标单位名称”

按照《计量标准考核证书》的相应栏目要求填写。

2.“计量标准名称”

按照《计量标准考核证书》的相应栏目要求填写。

3.“变化的基本情况”

简述计量标准环境条件及设施发生变化的原因、程度及其后果。

4.“自查的主要项目”和“自查情况”

计量标准的环境条件及设施发生重大变化，对主要计量特性有影响时，应当重新进行计量标准的稳定性考核、检定或校准结果的重复性试验，确认计量标准能否保持正常工作状态，必要时，将计量标准器及主要配套设备重新溯源。建标单位将变化前后计量标准的稳定性和检定或校准结果的重复性等计量特性的改变及计量标准器及主要配套设备重新溯源的情况填入相应栏目中。

5.“自查结论”

根据自查情况，对计量标准主要计量特性有无重大影响进行评估，给出计量标准的环境条件及设施发生重大变化的评价意见和处理措施。

6.“计量标准负责人”

计量标准的环境条件及设施发生变化的自查和评估也是计量标准负责人应当履行的职责，自查和评估结束后，由计量标准负责人填写该自查表，并签署姓名和评估日期。

第七章　计量标准考核中有关技术问题的说明

计量标准考核是一项技术性很强的工作，在本次修订过程中，起草工作组反复对计量标准考核中的技术问题进行了深入细致地研究，形成了《考核规范》附录C“计量标准考核中有关技术问题的说明”。本章将按照附录C的要求对检定和校准结果的重复性、计量标准的稳定性、在计量标准考核中与不确定度有关的问题、检定或校准结果的验证、现场实验结果的评价以及计量标准的量值溯源和传递框图等进行详细说明。

第一节　检定或校准结果的重复性

一、关于检定或校准结果的重复性

术语“检定或校准结果的重复性”在计量标准考核的历史上一直称为“计量标准的重复性”，本版根据计量标准考核的实际要求，将其改为“检定或校准结果的重复性”。

计量标准考核要求进行重复性试验，其目的是要给出在检定或校准过程中所有的随机效应对检定或校准结果的影响，因为它直接就是检定或校准结果的一个不确定度来源。如果重复性太差，可能直接影响到检定或校准结果的不确定度能否满足要求。

由于重复性中必须要包括被测对象的影响，因此在重复性试验时必须选择常规的被检定或被校准的对象（以下简称被测对象）。

检定或校准结果（以下简称测量结果）的重复性是指在重复性测量条件下，用被考核的计量标准对常规的被测对象重复测量所得示值或测得值之间的一致程度。通常用重复性测量条件下所得测得值的分散性定量地表示，即用单次测量结果 y_i 的实验标准差 $s(y_i)$ 来表示。测量结果的重复性通常是测量结果的不确定度来源之一。

二、检定或校准结果的重复性试验方法

在重复性测量条件下，用被考核的计量标准对常规的被测对象进行 n 次独立重复测量，若得到的测得值为 $y_i(i=1,2,\cdots,n)$，则其重复性 $s(y_i)$ 按公式（7－1）计算：

$$s(y_i)=\sqrt{\frac{\sum_{i=1}^{n}(y_i-\bar{y})^2}{n-1}} \qquad (7-1)$$

式中：$\bar{y}$ ——n 个测得值的算术平均值；

n ——重复测量次数 n 应当尽可能大，一般应当不少于10次。

如果测量结果的重复性引入的不确定度分量在测量结果的不确定度中不是主要分量，允许适当减少重复测量次数，但至少应当满足 $n \geqslant 6$。

如果计量标准可以测量多种参数，则应当对每种参数分别进行重复性试验。

如果计量标准的测量范围较大，对于不同的测量点，其重复性也可能不同，此时原则上应当给出每个测量点的重复性。如果在测量结果的不确定度中，重复性所引入的不确定度分量不是主要分量，可以用各测量点中的最大重复性表示，或分段采用不同的重复性，也以该分段中的最大重复性表示。

三、重复性试验的测量条件

术语“重复性”是“重复性精密度”的简称，它是指在重复性测量条件下得到的精密度。它表示测量过程中所有的随机效应对测得值的影响。

重复性测量条件是指：相同测量程序、相同操作者、相同测量系统、相同操作条件和相同地点，并在短时间内对同一或相类似被测对象重复测量的一组测量条件。

在进行检定或校准结果的重复性试验时，其测量条件应当与测量不确定度评定中所规定的测量条件相同。该测量条件通常是重复性测量条件，但在特殊情况下也可能是复现性测量条件或期间精密度测量条件。

四、重复性与重复性引入的不确定度分量

在测量不确定度评定中，当检定或校准结果由单次测量得到时，由公式(7－1)计算得到的测量结果的重复性直接就是测量结果的一个不确定度分量。当测量结果由 N 次重复测量的平均值得到时，由测量结果的重复性引入的不确定度分量为$\dfrac{s(y_i)}{\sqrt{N}}$。

五、分辨力与重复性

被检定或被校准仪器(以下简称被测仪器)的分辨力也会影响测量结果的重复性。在测量不确定度评定中，当由公式(7－1)计算得到的重复性所引入的不确定度分量大于被测仪器的分辨力所引入的不确定度分量时，此时重复性中已经包含分辨力对测得值的影响，故不应当再考虑分辨力所引入的不确定度分量。当重复性引入的不确定度分量小于被测仪器的分辨力所引入的不确定度分量时，应当用分辨力引入的不确定度分量代替重复性分量。

若被测仪器的分辨力为 δ，则分辨力引入的不确定度分量为 0.289δ。

六、合并样本标准差

对于常规的计量检定或校准，若无法满足 $n \geqslant 10$ 时，为了使得到的实验标准差更可靠，如果有可能，可以采用合并样本标准差得到测量结果的重复性，合并样本标准差 s_{p} 按公式(7－2)计算：

$$s_{\mathrm{p}} = \sqrt{\frac{\sum_{j=1}^{m}\sum_{k=1}^{n}(y_{kj} - \overline{y_j})^2}{m(n-1)}} \tag{7-2}$$

式中：m——测量的组数；

n——每组包含的测量次数；

y_{kj}——第 j 组中第 k 次的测得值；

$\overline{y_j}$——第 j 组测得值的算术平均值。

七、重复性试验对测量对象的要求

为了确保评定得到的不确定度将来可以用在所有的同类测量中，重复性试验所用的测量对象必须是常规的测量对象。“常规”的意思是指其性能是将来大多数的同类测量对象都能达到的。

八、对检定或校准结果的重复性的要求

对于新建计量标准，测得的重复性应当直接作为一个不确定度来源用于检定或校准结果的不确定度评定中。只要评定得到的测量结果的不确定度满足所开展的检定或校准项目的要求，则表明其重复性也满足要求。

对于已建计量标准，要求每年至少进行一次重复性测量，如果测得的重复性不大于新建计量标准时测得的重复性，则重复性符合要求；如果测得的重复性大于新建计量标准时测得的重复性，则应当依据新测得的重复性重新进行测量结果的不确定度的评定，如果评定结果仍满足所开展的检定或校准项目的要求，则重复性符合要求，并将新测得的重复性作为下次重复性试验是否合格的判定依据；如果评定结果不满足所开展的检定或校准项目的要求，则重复性试验不符合要求。

第二节 计量标准的稳定性

一、计量标准的稳定性

计量标准的稳定性是指计量标准保持其计量特性随时间恒定的能力。因此计量标准的稳定性与所考虑的时间段长短有关。计量标准的稳定性应当包括计量标准器的稳定性和配套设备的稳定性。如果计量标准可以测量多种参数，应当对每种参数分别进行稳定性考核。

计量标准的稳定性是考核计量标准所提供的标准量值随时间的长期慢变化。

二、计量标准的稳定性考核方法

稳定性的考核方法有五种：

(1)采用核查标准进行考核；

(2)采用高等级的计量标准进行考核；

(3)采用控制图法进行考核；

(4)采用计量检定规程或计量技术规范规定的方法进行考核；

(5)采用计量标准器的稳定性考核结果进行考核。

在进行计量标准的稳定性考核时，应当优先采用核查标准进行考核；若被考核的计量标准是建标单位的次级计量标准时，也可以选择高等级的计量标准进行考核；若符合《考核规范》附录 C.2.2.3.3 的条件，也可以选择控制图进行考核；若有关计量检定规程或计量技术规范对计量标准的稳定性考核方法有明确规定时，也可以按其规定进行考核；当上述方法都不适用时，方可采用计量标准器的稳定性考核结果进行考核。

（一）采用核查标准进行稳定性考核

用于日常验证测量仪器或测量系统性能的装置称为核查标准或核查装置。在进行计量标准的稳定性考核时，测得的稳定性除与被考核的计量标准有关外，还不可避免地会引入核查标准本身对稳定性测量的影响。为使这一影响尽可能地小，必须选择量值稳定的，特别是长期稳定性好的核查标准。

1. 考核方法

对于新建计量标准，每隔一段时间（大于一个月），用该计量标准对核查标准进行一组 n 次的重复测量，取其算术平均值为该组的测得值。共观测 m 组（$m \geqslant 4$）。取 m 组测得值中最大值和最小值之差，作为新建计量标准在该时间段内的稳定性。

对于已建计量标准，每年至少一次用被考核的计量标准对核查标准进行一组 n 次的重复测量，取其算术平均值作为测得值。以相邻两年的测得值之差作为该时间段内计量标准的稳定性。

2. 核查标准的选择

核查标准的选择大体上可按下述几种情况分别处理：

（1）被测对象是实物量具

实物量具通常具有较好的长期稳定性，在这种情况下可以选择性能比较稳定的实物量具作为核查标准。

（2）计量标准仅由实物量具组成，而测量对象是非实物量具的测量仪器

实物量具通常可以直接用来检定或校准非实物量具，因此在这种情况下，无法得到符合要求的核查标准。此时应该采用其他方法来进行稳定性考核。

（3）计量标准器和被检定或校准的对象均为非实物量具的测量仪器

如果存在合适的比较稳定的对应于该参数的实物量具，可以作为核查标准来进行稳定性考核，否则应该采用其他方法来进行稳定性考核。

（二）采用高等级的计量标准进行稳定性考核

当被考核的计量标准是建标单位的次级计量标准，或送上级计量技术机构进行检定或校准比较方便的话，可以采用本方法。

考核方法与采用核查标准的方法类似。对于新建计量标准，每隔一段时间（大于一个月），用高等级的计量标准对新建计量标准进行一组测量。共测量 m 组（$m \geqslant 4$），取 m 个测得值中最大值和最小值之差，作为新建计量标准在该时间段内的稳定性。对于已建计量标准，每年至少一次用高等级的计量标准对被考核的计量标准进行测量，以相邻两年的测得值之差作为该时间段内计量标准的稳定性。

(三)采用控制图方法进行稳定性考核

控制图(又称休哈特控制图)是对测量过程是否处于统计控制状态的一种图形记录。它能判断测量过程中是否存在异常因素并提供有关信息,以便于查明产生异常的原因,并采取措施使测量过程重新处于统计控制状态。

采用控制图方法的前提也是必须存在量值稳定的核查标准,并要求其同时具有良好的短期稳定性和长期稳定性。

采用控制图法对计量标准的稳定性进行考核时,用被考核的计量标准对选定的核查标准作连续的定期观测,并根据定期观测结果计算得到的统计控制量(例如平均值、标准偏差、极差等)的变化情况,判断计量标准所复现的标准量值是否处于统计控制状态。

由于控制图方法要求定期(例如每周,或每两周等)对选定的核查标准进行测量。同时还要求被测量接近于正态分布,故每个测量点均必须是多次重复测量结果的平均值,因此要耗费大量的时间。同时对核查标准的稳定性要求比较高。因此在计量标准考核中,控制图的方法仅适合于满足下述条件的计量标准:

(1)准确度等级较高且重要的计量标准;

(2)存在量值稳定的核查标准,要求其同时具有良好的短期稳定性和长期稳定性;

(3)比较容易进行多次重复测量。

自 JJF 1033—2008 开始提出在稳定性考核中可以采用控制图法以来,在标准考核中成功采用控制图并对计量标准进行长期而连续监测的实例并不多。故本版虽然仍将控制图法作为可以采用的方法之一,但删去了建立控制图的原理、方法和控制图异常的判断准则等内容,关于这一部分内容可参见本节相关内容或 GB/T 4091—2001 idt ISO 8258:1991《常规控制图》。

(四)采用计量检定规程或计量技术规范规定的方法进行考核

当相关的计量检定规程或计量技术规范对计量标准的稳定性考核方法有明确规定时,可以按其规定的方法进行计量标准的稳定性考核。

(五)采用计量标准器的稳定性考核结果进行考核

当前述四种方法均不适用时,可将计量标准器的溯源数据,即每年的检定或校准数据,制成计量标准器的稳定性考核记录表或曲线图(参见《考核规范》附录 D《计量标准履历书》中的“计量标准器的稳定性考核图表”),作为证明计量标准量值稳定的依据。

该方法的缺点是仅考虑了计量标准中计量标准器的稳定性,而没有包括配套设备的稳定性。

三、对计量标准稳定性的要求

若计量标准在使用中采用标称值或示值,即不加修正值使用,则计量标准的稳定性应当小于计量标准的最大允许误差的绝对值;若计量标准需要加修正值使用,则计量标准的稳定性应当小于修正值的扩展不确定度(U_{95}或U,$k=2$)。当相应的计量检定规程或计量技术规范对计量标准的稳定性有具体规定时,则可以依据其规定判断稳定性是否合格。

四、稳定性及其测量不确定度

在本章第一节讨论检定或校准结果的重复性时,可以很容易给出测得的重复性是否满足要求的判定，因为重复性直接就是测量结果的一个不确定度来源，在不确定度评定报告中无疑会有一个与重复性有关的不确定度分量。而稳定性则不同，在不确定度评定报告中往往找不到直接与稳定性相关的不确定度分量。

如果估计一下测得的稳定性的不确定度，就可以发现，测得的稳定性数值往往与其不确定度相近，因此建标单位有时很难对其测得的稳定性做出是否合格的判定。或者说，稳定性合格判定的可靠性较差。

如果测得的稳定性满足要求，则该计量标准在其证书的有效期内可以继续使用。如果测得的稳定性不满足要求，则可能的确是被考核计量标准的稳定性变坏引起的，但也可能仅仅是由稳定性的测量不确定度太大造成的。此时应当立即将被考核的计量标准送上级计量技术机构重新进行检定或校准，由上级计量技术机构来判定该计量标准是否合格。

五、测量过程的统计控制——控制图

控制图（又称休哈特控制图）是对测量过程是否处于统计控制状态的一种图形记录。它能判断并提供测量过程中是否存在异常因素的信息，以便于查明产生异常的原因，并采取措施使测量过程重新处于统计控制状态。GB/T 4091—2001 idt ISO 8258:1991《常规控制图》对于控制图进行了详细的描述。

（一）控制图的分类

根据控制对象的数据性质，即所采用的统计控制量来分类，在测量过程控制中常用的控制图有平均值—标准偏差控制图（$\bar{x}-s$ 图）和平均值—极差控制图（$\bar{x}-R$ 图）。

控制图通常均成对地使用，平均值控制图主要用于判断测量过程中是否受到不受控的系统效应的影响。标准偏差控制图和极差控制图主要用于判断测量过程是否受到不受控的随机效应的影响。

标准偏差控制图比极差控制图具有更高的检出率，但由于标准偏差要求重复测量次数 $n\geqslant10$，对于某些计量标准可能难以实现。而极差控制图一般要求 $n\geqslant5$，因此在计量标准考核中推荐采用平均值-标准偏差控制图，对于有些计量标准也可以采用平均值-极差控制图。

根据控制图的用途，可以分为分析用控制图和控制用控制图两类。

（1）分析用控制图：用于对已经完成的测量过程或测量阶段进行分析，以评估测量过程是否稳定或处于受控状态。

（2）控制用控制图：对于正在进行中的测量过程，可以在进行测量的同时进行过程控制，以确保测量过程处于稳定受控状态。

具体建立控制图时，应当首先建立分析用控制图，确认过程处于稳定受控状态后，将分析用控制图的时间界限延长，于是分析用控制图就转化为控制用控制图。

（二）建立控制图的步骤

1. 确定所采用的统计控制量

确定所采用的统计控制量，即确定所采用的控制图类型。通常采用平均值-标准偏差控制图（$\bar{x}-s$ 图）或平均值-极差控制图（$\bar{x}-R$ 图）。

注：在测量不确定度评定中，被测量习惯上用符号“y”表示。但在测量过程控制的控制图中，通常用符号“x”表示被测量。

2. 预备数据的取得

预备数据是建立分析用控制图的基本取样数据，要求取样过程处于随机控制状态中。

(1)在重复性条件下，对选择好的核查标准作 n 次独立重复测量。当采用标准偏差控制图时，要求测量次数 $n\geqslant10$；当采用极差控制图时，测量次数 $n\geqslant5$。该 n 次测量结果称为一个子组。

(2)在计量检定规程或计量技术规范规定的测量条件下，重复上面的过程，共测量 k 个子组。要求子组数 $k\geqslant20$，在实际工作中最好取 25 组。即使当个别子组数据出现可以查明原因的异常而被剔除时，仍可保持多于 20 组的数据。

3. 计算统计控制量

当采用平均值-标准偏差控制图($\bar{x}-s$ 图)时，应当计算的统计控制量为：每个子组的平均值 $\bar{x}$，每个子组的标准偏差 s，各子组平均值的平均值 $\bar{\bar{x}}$ 和各子组标准偏差的平均值 $\bar{s}$。

当采用平均值-极差控制图($\bar{x}-R$ 图)，应当计算的统计控制量为：每个子组的平均值 $\bar{x}$，每个子组的极差 R，各子组平均值的平均值 $\bar{\bar{x}}$ 和各子组极差的平均值 $\bar{R}$。

4. 控制界限的计算

计算每个控制图的中心线(CL)、控制上限(UCL)和控制下限(LCL)。对于不同的控制图，其控制界限的计算公式是不同的。

(1)平均值-标准偏差控制图($\bar{x}-s$ 图)

① 平均值控制图，$\bar{x}$ 图(仅指与标准偏差控制图联用的平均值控制图)

其中心线 CL、控制上限 UCL 和控制下限 LCL 分别为：

$$\mathrm{CL}=\bar{\bar{x}} \tag{7-3}$$

$$\mathrm{UCL}=\bar{\bar{x}}+A_3\bar{s} \tag{7-4}$$

$$\mathrm{LCL}=\bar{\bar{x}}-A_3\bar{s} \tag{7-5}$$

② 标准偏差控制图，s 图

其中心线 CL、控制上限 UCL 和控制下限 LCL 分别为：

$$\mathrm{CL}=\bar{s} \tag{7-6}$$

$$\mathrm{UCL}=B_4\bar{s} \tag{7-7}$$

$$\mathrm{LCL}=B_3\bar{s} \tag{7-8}$$

(2)平均值-极差控制图($\bar{x}-R$ 图)

① 平均值控制图，$\bar{x}$ 图(仅指与极差控制图联用的平均值控制图)

其中心线 CL、控制上限 UCL 和控制下限 LCL 分别为：

$$\mathrm{CL}=\bar{\bar{x}} \tag{7-9}$$

$$\mathrm{UCL}=\bar{\bar{x}}+A_2\bar{R} \tag{7-10}$$

$$\mathrm{LCL}=\bar{\bar{x}}-A_2\bar{R} \tag{7-11}$$

② 极差控制图，R 图

其中心线 CL、控制上限 UCL 和控制下限 LCL 分别为：

$$CL = \overline{R} \tag{7-12}$$

$$UCL = D_4\overline{R} \tag{7-13}$$

$$LCL = D_3\overline{R} \tag{7-14}$$

计算式中各系数 A_2,A_3,B_3,B_4,D_3和 D_4之值与样本大小 n(每个子组所包含的测量次数)有关,其值见表 7-1。

表 7-1 计算控制限的系数表

n	A_2	A_3	B_3	B_4	D_3	D_4
2	1.880	2.659	0	3.267	0	3.267
3	1.023	1.954	0	2.568	0	2.574
4	0.729	1.628	0	2.266	0	2.282
5	0.577	1.427	0	2.089	0	2.114
6	0.483	1.287	0.030	1.970	0	2.004
7	0.419	1.182	0.118	1.882	0.076	1.924
8	0.373	1.099	0.185	1.815	0.136	1.864
9	0.337	1.032	0.239	1.761	0.184	1.816
10	0.308	0.975	0.284	1.716	0.223	1.777
11	0.285	0.927	0.321	1.679	0.256	1.744
12	0.266	0.886	0.354	1.646	0.283	1.717
13	0.249	0.850	0.382	1.618	0.307	1.693
14	0.235	0.817	0.406	1.594	0.328	1.672
15	0.223	0.789	0.428	1.572	0.347	1.653
16	0.212	0.763	0.448	1.552	0.363	1.637
17	0.203	0.739	0.466	1.534	0.378	1.622
18	0.194	0.718	0.482	1.518	0.391	1.608
19	0.187	0.698	0.497	1.503	0.403	1.597
20	0.180	0.680	0.510	1.490	0.415	1.585
21	0.173	0.663	0.523	1.477	0.425	1.575
22	0.167	0.647	0.534	1.466	0.434	1.566
23	0.162	0.633	0.545	1.455	0.443	1.557
24	0.157	0.619	0.555	1.445	0.451	1.548
25	0.153	0.606	0.565	1.435	0.459	1.541

5. 制作控制图并在图上标出测量点

控制图的纵坐标为计算得到的各统计控制量,横坐标为时间坐标。并在图上画出 CL、UCL 和 LCL 三条控制界限。在图上标出各子组相应统计控制量的位置(称为测量点)后,将相邻的

测量点连成折线，即完成分析用的控制图（图 7－1 中的实线）。

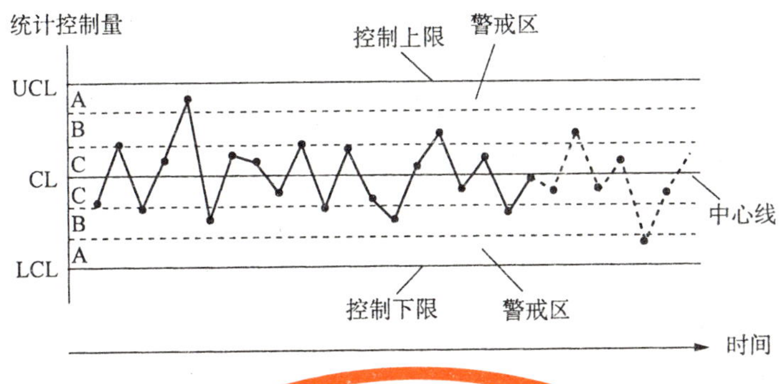

图 7－1　控制图式样

6. 判断测量过程是否处于统计控制状态

按照控制图对异常判断的各项准则，对分析用控制图中各测量点的分布状况进行判断。若测量点的分布状况没有任何违背判断准则的情况，即表明测量过程处于统计控制状态。

7. 将分析用的控制图转化为控制用控制图

将分析用控制图的时间坐标延长，每隔一规定的时间间隔，再进行一组测量，在控制图上标出测量点位置后，将连接测量点的折线逐次延长（图 7－1 中的虚线），就成为可以对测量过程进行日常监控的控制用控制图。

一旦控制用控制图中测量点的分布出现异常，应当立即分析原因，并将其减小或消除，直到控制图恢复正常。

如果测量的工作量较大，一时无法完成 20 组以上的预备数据测量，也可以在完成 6～10 组测量后就开始建立初步的分析用控制图。在测量点分布状况没有任何异常的条件下将其转化为控制用控制图。按常规每隔一定的时间间隔进行控制测量。当累计的子组数（包括预备测量在内）达到 $k=20$ 时，重新计算中心线 CL 和控制界限 UCL，LCL，并按新的计算结果建立新的满足 $k\geq20$ 要求的分析用控制图。

（三）控制图中测量点分布异常的判断准则

1. 控制图的控制范围分区

为方便起见，将常规控制图的控制范围均分为 6 个区，每个区的宽度均相当于所采用统计控制量的标准偏差 σ。如图 7－1 所示，自上而下分别标记为 A、B、C、C、B 和 A。

测量点出现在控制图 A 区中的概率为 4.28%，因此偶尔有测量点出现在 A 区中是允许的，但此时至少应当密切注意控制图此后的发展趋势，故 A 区常称为警戒区。

2. 测量过程异常的判断准则

控制图异常主要表现形式可以分为测量点超出控制界限和测量点的分布不随机。现行的国际标准 ISO 8258：1991 和国家标准 GB/T 4091—2001 总结了常见的测量过程异常的 8 种分布模式，从而给出了对应的 8 种异常判据。

如果平均值控制图出现异常，则表明测量过程受到不受控的系统效应的影响。而若标准偏差控制图或极差控制图出现异常，则表明测量过程受到不受控的随机效应的影响。

8 种异常分布模式如下：

(1)模式 1：测量点出现在 A 区之外

图 7 - 2 中“X”点表明出现了异常。测量点出现在 A 区之外的概率仅为 0.27%，因此任何测量点出现在 A 区之外均可立即判为测量过程异常。测量点超出上界，表明统计控制量的均值增大；而当测量点超出下界，表明其均值减小。

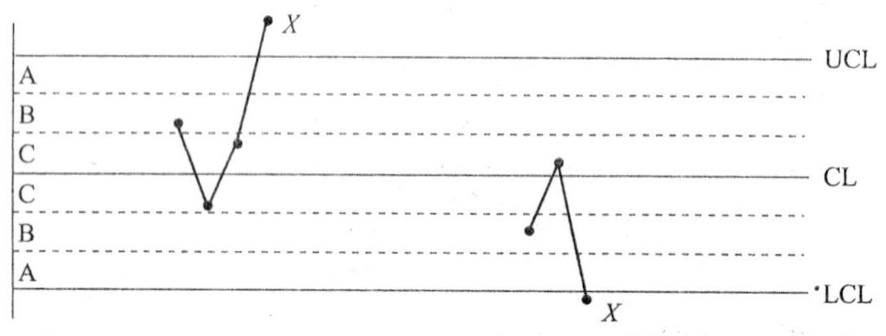

图 7 - 2 测量点出现在 A 区之外

(2)模式 2：连续 9 个测量点出现在中心线的同一侧

测量点连续出现在控制图中心线的同一侧的现象称为“链”。计算表明，9 点链出现的概率为0.38%，最接近于规定的显著性水平 0.27%。如图 7 - 3 所示，当测量点 X 出现时，由于出现了9 点链，故可以判断测量过程出现异常。链的出现表明统计控制量分布的均值向出现链的一侧偏移。

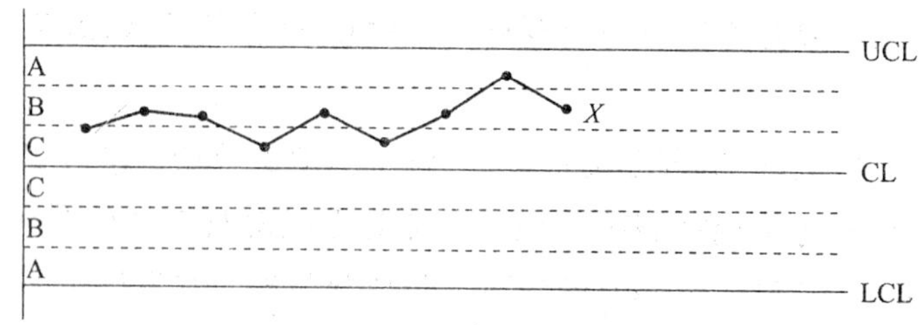

图 7 - 3 连续 9 个点出现在中心线同一侧

(3)模式 3：连续 6 个测量点出现单调递增或递减

控制图中测量点的排列出现单调递增或递减的状态称为“趋势”。计算表明，6 点趋势出现的概率为 0.27%，与规定的显著性水平相一致。如图 7 - 4 所示，当测量点“X”出现时，由于出现了6 点趋势，故可以判断测量过程出现异常。趋势的出现表明统计控制量的均值随时间增大或减小。

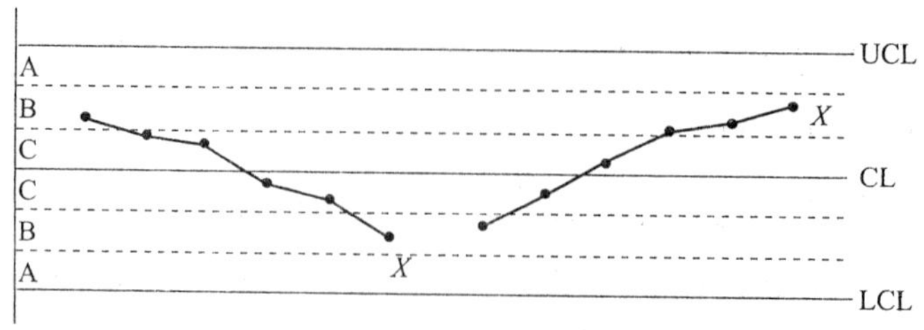

图 7 - 4 连续 6 个测量点呈现单调递增或递减

(4)模式 4:连续 14 个测量点呈现上下交替排列

计算表明,连续 14 个测量点呈现上下交替排列的概率为 0.37%,最接近于规定的显著性水平。如图 7-5 所示,当测量点“X”出现时,由于已有连续 14 点出现了上下交替排列,故可以判断测量过程出现异常。此时表明测量过程受到某种周期性效应的影响。

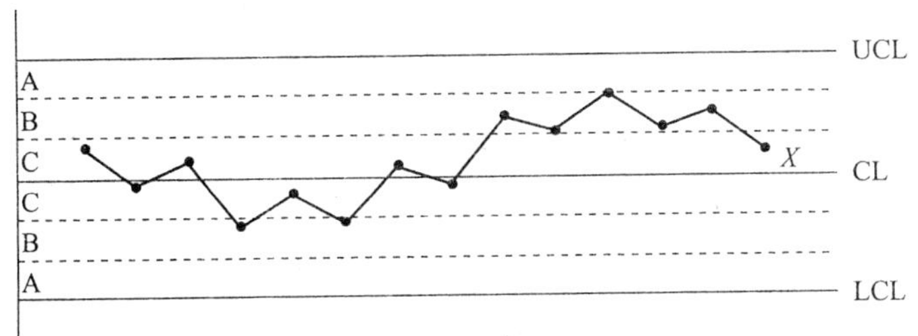

图 7-5　连续 14 个测量点上下交替排列

(5)模式 5:连续 3 个测量点中有两点出现在中心线同一侧 A 区中

虽然 A 区也在控制范围之内,但若测量点频繁出现在 A 区之中仍是不允许的。计算表明,连续 3 个测量点中有两点出现在中心线同一侧 A 区中的概率为 0.27%,与规定的显著性水平相一致。如图 7-6 中所示的三种情况,当测量点“X”出现时,由于在连续 3 个测量点中有两点出现在中心线同一侧 A 区中,故可以判断测量过程出现异常。

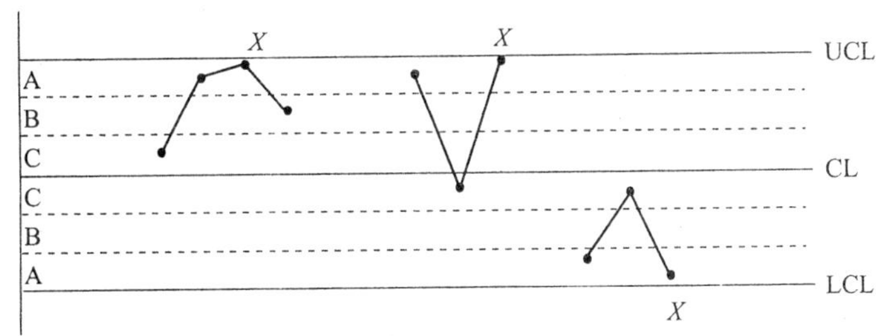

图 7-6　连续 3 个测量点中有 2 点出现在中心线同一侧 A 区中

(6)模式 6:连续 5 个测量点中有 4 点出现在中心线同一侧的 B 区或 A 区中

计算表明,连续 5 个测量点中有 4 点出现在中心线同一侧的 B 区或 A 区中的概率为 0.51%,比较接近于规定的显著性水平。如图 7-7 中所示的两种情况,当测量点“X”出现时,由于在连续 5 个测量点中有 4 点出现在中心线同一侧的 B 区或 A 区中,故可以判断测量过程出现异常。此时表明该控制图所选用的统计控制量向该侧偏移。

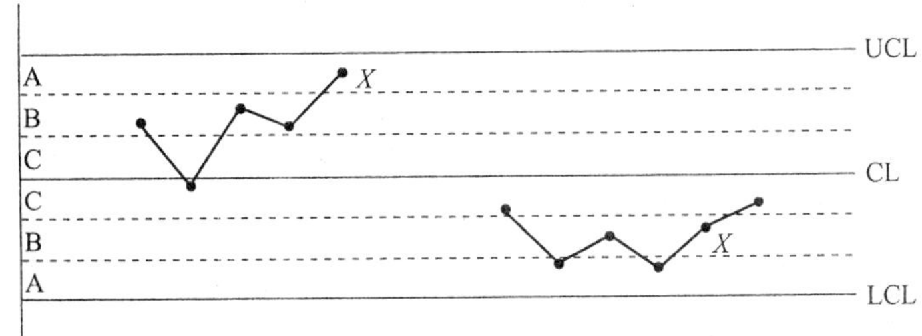

图 7-7　连续 5 个测量点中有 4 点出现在中心线同一侧的 B 区或 A 区中

(7)模式 7:连续 15 个测量点出现在中心线两侧的 C 区中

计算表明,连续 15 个测量点出现在中心线两侧的 C 区中的概率为 0.33%,比较接近于规定的显著性水平。如图 7-8 中所示,当测量点"X"出现时,由于已有连续 15 个测量点出现在中心线两侧的 C 区中,故可以判断测量过程出现异常。

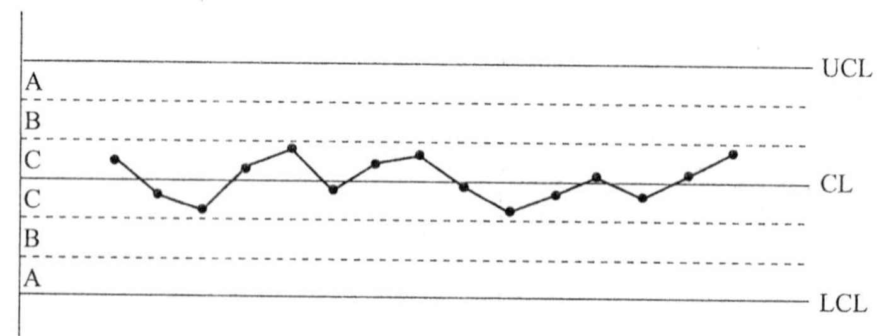

图 7-8　连续 15 个测量点出现在中心线两侧的 C 区中

对于这种分布异常,不要认为这是测量过程得到改进的结果。这种情况的出现往往是由于控制图设计中的错误而导致控制界限过宽而造成的。此时的控制图已失去对测量过程的控制作用,应当重新采集数据制作新的控制图。

(8)模式 8:连续 8 个测量点出现在中心线两侧并且全部不在 C 区内

如图 7-9 所示,当测量点"X"出现时,由于已有连续 8 个测量点出现在中心线两侧,并且全部不在 C 区中,故可以判断测量过程出现异常。

出现这种情况,往往表明该统计控制量的分布是两种不同分布的混合,并且其中一个分布的均值与另一个分布的均值有明显的差异,同时在测量过程中两种分布交替地出现。

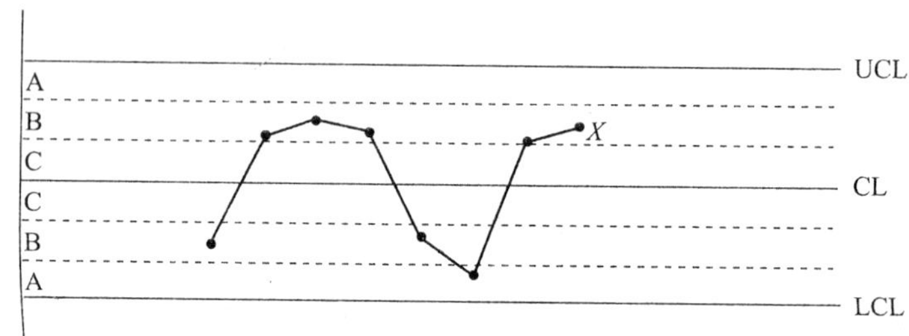

图 7-9　连续 8 个测量点出现在中心线两侧并且全部不在 C 区内

上述 8 种控制图异常的检验模式可以作为测量过程异常的基本检验模式,在采用控制图进行测量过程控制时,使用者还应当留意可能出现的控制图异常的其他独特模式。一旦出现任何类型的控制图异常,均应当对其进行诊断并采取纠正措施。

(四)控制图的几点说明

(1)对于准确度较高且重要的计量标准,且比较容易进行多次重复测量,如有可能,可以采用控制图对其测量过程进行连续和长期的统计控制。

(2)测量结果除了会受到测量过程的影响外,还会受测量对象的影响,因此采用控制图方法的前提是存在一个同时具有良好短期稳定性和长期稳定性的核查标准。

第三节 计量标准考核中与不确定度有关的问题

一、测量不确定度的评定方法

测量不确定度的评定方法有两种，由 JJF 1059.1—2012《测量不确定度评定与表示》给出的 GUM 法和由 JJF 1059.2—2012《用蒙特卡洛法评定测量不确定度》给出的蒙特卡洛法。在国际标准 ISO/IEC GUIDE 98－3:2008 中，有关蒙特卡洛法的文件是作为 GUM 方法文件的附件形式给出的，而我国的计量技术规范 JJF 1059.2—2012 则指出，JJF 1059.2—2012 是 JJF 1059.1—2012 的补充件，它等同采用 ISO/IEC GUIDE 98－3:2008 的附件。

GUM 法是根据不确定度传播律，通过方差合成得到合成标准不确定度，从而得到被测量估计值的测量不确定度，GUM 法的主要适用条件是可以假设各输入量和输出量（即被测量）的概率密度分布呈对称分布。

蒙特卡洛法（简称 MCM 法）则是采用概率分布传播，通过计算机技术对每个输入量 X_i 按其概率密度函数（PDF）进行离散抽样，并通过数值计算获得输出量 Y 的离散抽样值，并进而获取输出量的最佳估计值、标准不确定度和对应于所需包含概率的包含区间。该法的优点是不要求每个输入量 X_i 和输出量 Y 的概率密度分布呈对称分布，缺点是无法处理各输入量之间可能存在的相关性。

JJF 1059.2—2012 提供了检查 GUM 法是否适用的验证方法，GUM 法若明显适用，则依然是不确定度评定的主要方法。

在计量标准考核中，测量不确定度的评定方法应当依据 JJF 1059.1—2012《测量不确定度评定与表示》。对于某些计量标准，如果需要，也可以同时采用 JJF 1059.2—2012《用蒙特卡洛法评定测量不确定度》评定测量不确定度，以便进行比较。如果相关国际组织已经制定了该计量标准所涉及领域的测量不确定度评定指南，则测量不确定度评定也可以依据这些指南进行（在这些指南的适用范围内）。

在测量不确定度的评定中，使用的计量术语应当执行 JJF 1001—2011《通用计量术语及定义》的规定。

二、测量不确定度评定步骤

（1）明确被测量，必要时给出被测量的定义及测量过程的简单描述。

（2）列出所有对测量不确定度有影响的影响量（即输入量 x_i），并给出用以评定测量不确定度的测量模型，要求测量模型中包含所有需要考虑的输入量。

（3）通过 A 类评定或 B 类评定的方法，评定各输入量 x_i 的标准不确定度 $u(x_i)$，并通过灵敏系数 c_i 进而给出与各输入量 x_i 对应的不确定度分量 $u_i(y)=|c_i|u(x_i)$。灵敏系数 c_i 通常可由测量模型对影响量 c_i 求偏导数得到。

（4）将各不确定度分量 $u(x_i)$ 合成，得到合成标准不确定度 $u_c(y)$，合成时应当考虑各输入量之间是否存在值得考虑的相关性，对于非线性测量模型还应当考虑是否存在值得考虑的高阶项。

(5)列出不确定度分量的汇总表，表中应当给出对应于每一个不确定度分量的尽可能详细的信息。

(6)对被测量 y 的分布进行估计，如能估计出被测量 y 的分布，则根据估计得到的分布和所要求的包含概率 p 确定包含因子 k_p。

(7)包含概率通常均取 95%，如取非 95%的包含概率，必须指出所依据的技术文件名称。

(8)在无法确定被测量 y 的分布时，或该测量领域有规定时，也可以直接取包含因子 $k=2$。

(9)由合成标准不确定度 $u_c(y)$ 和包含因子 k 或 k_p 的乘积，分别得到扩展不确定度 U 或 U_p。

(10)给出测量不确定度 U 或 U_p 的最后陈述，其中应当给出关于扩展不确定度的足够信息。利用这些信息，至少应该使用户能从所给的扩展不确定度重新导出检定或校准结果的合成标准不确定度。

三、评定过程的简要说明

(一)找出所有测量不确定度的来源

根据测量原理和对测量过程的了解，列出对测量结果有明显影响的所有测量不确定度来源(即影响量)，并要做到不遗漏和不重复。如果所给出的测量结果是经过修正后的结果，应当考虑由修正值(或修正因子)所引入的不确定度分量。

(二)写出测量模型

测量模型是指被测量 Y 与各影响量 X_i 之间的具体函数关系，若被测量 Y 的测量结果为 y，各影响量 X_i 的估计值为 x_i，则测量模型的一般形式可以写为：

$$y=f(x_1,x_2,\cdots,x_n) \tag{7-15}$$

测量模型中应当包括所有对测量结果及其不确定度有影响的影响量。此后不确定度评定中所考虑的不确定度分量应当与测量模型中的各影响量一一对应。

(三)输入量估计值 x 的标准不确定度 $u(x)$

1. 测量不确定度的 A 类评定

如果输入量估计值 x 由实验测量得到，则有可能采用 A 类评定来得到其标准不确定度 $u(x)$。

(1)单次测量结果 x_k 的标准不确定度 $u(x_k)$

若在重复性条件下对影响量 X 作 n 次独立重复测量，得到测得值为 $x_k(k=1,2,\cdots,n)$，则 n 次测量结果的平均值为：

$$\bar{x}=\frac{\sum_{k=1}^{n}x_k}{n} \tag{7-16}$$

单次测量结果 x_k 的标准不确定度 $u(x_k)$ 为：

$$u(x_k)=s(x_k)=\sqrt{\frac{\sum_{k=1}^{n}(x_k-\bar{x})^2}{n-1}} \tag{7-17}$$

(2)N 次测量结果平均值 $\bar{x}$ 的标准不确定度 $u(\bar{x})$

若所给的测量结果是 N 次测量结果的平均值，且 N 可以不等于 n，则 N 次测量平均值 $\bar{x}$ 的标准不确定度 $u(\bar{x})$ 为：

$$u(\bar{x}) = s(\bar{x}) = \frac{s(x_k)}{\sqrt{N}} = \sqrt{\frac{\sum_{k=1}^{n}(x_k - \bar{x})^2}{N(n-1)}} \tag{7-18}$$

上式中，n 是多次重复测量的次数，根据贝塞尔公式的要求，通常 $n \geqslant 10$。而 N 是所给测量结果的测量次数，即表示所给测量结果是 N 次测量结果的平均值，通常 N 比较小，它是由计量检定规程或计量技术规范规定的。

(3)合并样本标准偏差 $s_p(x_k)$

如果可能，输入量的标准不确定度 $u(x_k)$ 也可以用合并样本标准差 $s_p(x_k)$ 得到，其表示式为：

$$u(x_k) = s_p(x_k) = \sqrt{\frac{\sum_{j=1}^{m}\sum_{k=1}^{n}(x_{kj} - \bar{x}_j)^2}{m(n-1)}} \tag{7-19}$$

式中：m——测量的组数；

n——每组包含的测量次数；

x_{kj}——第 j 组中第 k 次的测量结果；

$\bar{x}_j$——第 j 组测量结果的平均值。

2. 测量不确定度的 B 类评定

如果输入量估计值 x 由其他各种信息来源得到，则只能采用 B 类评定来得到其标准不确定度 $u(x)$。

(1)若已知输入量估计值 x 的扩展不确定度 $U(x)$ 和包含因子 k，则 x 的标准不确定度为：

$$u(x) = \frac{U(x)}{k} \tag{7-20}$$

(2)若已知输入量估计值 x 的扩展不确定度 $U_p(x)$，此时包含概率 p 为已知，则其包含因子 k 将与 x 的分布有关。若假定 x 接近于满足正态分布，则对应于不同包含概率 p 的包含因子 k_p 的数值见表 7-2。

表 7-2　正态分布时的包含因子

p	0.95	0.99	0.9973
k_p	1.960	2.576	3

(3)若已知输入量估计值 x 可能值的分布区间半宽度 a（通常为允许误差限的绝对值），则 x 的标准不确定度为：

$$u(x) = \frac{a}{k} \tag{7-21}$$

此时包含因子 k 将与 x 的分布有关。在各种情况下影响量 x 分布的判定原则参见 JJF 1059.1—2012。常见分布的包含因子 k 的数值见表 7-3。

表 7-3 常见分布的包含因子 k

分布类型	k
反正弦分布	$\sqrt{2}$
矩形分布	$\sqrt{3}$
梯形分布	$\sqrt{6/(1+\beta^2)}$
三角分布	$\sqrt{6}$
正态分布	3

注：β 为梯形分布的角参数，等于梯形的上、下底宽度之比。

（四）不确定度分量 $u_i(y)$

根据各输入量的标准不确定度 $u(x_i)$，并通过由测量模型得到的灵敏系数 c_i，可得到对应于输入量 x_i 的不确定度分量 $u_i(y)$：

$$u_i(y)=|c_i|u(x_i)=\left|\frac{\partial y}{\partial x_i}\right|\cdot u(x_i) \tag{7-22}$$

原则上，如果无法得到输入量 x_i 与被测量 y 之间的函数关系，灵敏系数 c_i 也可以由数值计算或实验测量得到。

（五）合成标准不确定度 $u_c(y)$

(1)如果测量模型为线性模型，即被测量 y 可以表示为：

$$y=y_0+c_1x_1+c_2x_2+\cdots+c_nx_n \tag{7-23}$$

则合成标准不确定度 $u_c(y)$ 为：

$$u_c(y)=\sqrt{\sum_{i=1}^{n}u_i^2(y)+2\sum_{i=1}^{n-1}\sum_{j=i+1}^{n}u_i(y)\cdot u_j(y)\cdot r(x_i,x_j)} \tag{7-24}$$

式中 $r(x_i,x_j)$ 为输入量 x_i 和 x_j 之间的相关系数。

若各输入量之间均不相关，或虽存在相关的输入量，但其相关系数较小而可以忽略，此时合成标准不确定度 $u_c(y)$ 可简化为：

$$u_c(y)=\sqrt{\sum_{i=1}^{n}c_i^2u^2(x_i)}=\sqrt{\sum_{i=1}^{n}u_i^2(y)} \tag{7-25}$$

(2)若测量模型可表示为各影响量幂的乘积，即被测量 y 可以表示为：

$$y=cx_1^{p_1}x_2^{p_2}\cdots x_n^{p_n} \tag{7-26}$$

在可以不考虑指数 p_i 的不确定度的情况下，合成标准相对不确定度 $u_{crel}(y)$ 可表示为：

$$u_{crel}(y)=\sqrt{\sum_{i=1}^{n}u_{irel}^2(y)+2\sum_{i=1}^{n-1}\sum_{j=i+1}^{n}u_{irel}(y)\cdot u_{jrel}(y)\cdot r(x_i,x_j)} \tag{7-27}$$

若各输入量之间均不相关，或虽存在相关的输入量，但其相关系数较小而可以忽略，于是合成标准不确定度 $u_{crel}(y)$ 可简化为：

$$u_{crel}(y)=\sqrt{\sum_{i=1}^{n}c_i^2u_{irel}^2(x_i)}=\sqrt{\sum_{i=1}^{n}u_{irel}^2(y)} \tag{7-28}$$

在此情况下，合成标准不确定度的表示形式与标准的线性模型完全相同，其差别仅是应当将原来表示式中所有的不确定度全部改为相对不确定度，也就是说此时所有不确定度分量应该用相对不确定度来表示。绝对不确定度 $u(x)$ 和相对不确定度 $u_{rel}(x)$ 之间的关系为：

$$u_{rel}(x)=\frac{u(x)}{x} \tag{7-29}$$

(3)若测量模型为非线性模型，则原则上在合成标准不确定度的表示式中应当加入高阶项。考虑到下一个高阶项后的合成方差的表示式为：

$$u_c^2(y)=\sum_{i=1}^{n}\left(\frac{\partial f}{\partial x_i}\right)^2 u^2(x_i)+\sum_{i=1}^{n}\sum_{j=1}^{n}\left[\frac{1}{2}\left(\frac{\partial^2 f}{\partial x_i \partial x_j}\right)^2+\frac{\partial f}{\partial x_i}\cdot\frac{\partial^3 f}{\partial x_i \partial x_j^2}\right]u^2(x_i)u^2(x_j) \tag{7-30}$$

若与一阶项相比，高阶项较小而可以忽略，则表明该非线性模型可以近似作为线性模型处理。反之，则必须考虑高阶项。

（六）扩展不确定度及其表述

扩展不确定度等于合成标准不确定度 $u_c(y)$ 与包含因子 k 或 k_p 的乘积，而包含因子的数值取决于被测量 y 的分布，因此在得到合成标准不确定度 u_c 后，需对被测量 y 的分布进行估计。

1. 被测量分布的估计

无论用什么方法去估计被测量 y 的分布，对被测量估计的结论只有下述三种情况：

(1)可以估计被测量接近于正态分布；

(2)可以估计被测量接近于某种非正态分布，例如：矩形分布、三角分布、梯形分布等；

(3)无法判断被测量的分布。

对应于不同的被测量 y 的分布，应当采用不同的方法得到包含因子。

2. 不同分布时的包含因子以及扩展不确定度的表述

(1)如果可以估计被测量接近于正态分布，则可采用下述两种方法之一得到包含因子 k：

① 估算出对应于各不确定度分量的自由度 ν_i 以及对应于合成标准不确定度 $u_c(y)$ 的有效自由度 ν_{eff}，最后根据规定的包含概率 p 和有效自由度 ν_{eff} 由 t 分布得到 k_p 值。此时扩展不确定度应该用 U_p 的形式表示，即

$$U_{95}=k_{95}\cdot u_c=t_{95}(\nu_{eff})\cdot u_c \text{ 或 } U_{99}=k_{99}\cdot u_c=t_{99}(\nu_{eff})\cdot u_c \tag{7-31}$$

在最后的不确定度陈述中应给出 U_{95}，k_{95}，ν_{eff} 或 U_{99}，k_{99}，ν_{eff}。

② 在正态分布的情况下，若可以估计有效自由度 ν_{eff} 不太小，例如不小于 15，则可以简单取包含因子 $k=2$，此时扩展不确定度用 U 表示，即

$$U=2u_c \tag{7-32}$$

在此情况下，在对不确定度进行最后陈述时，除了应当给出 U 和 k 之外，还可以进一步指出："由于估计被测量接近于正态分布，且其有效自由度足够大，故所给扩展不确定度对应的包含概率约为 95%"。

(2)若可以判断被测量 y 接近于某种已知的非正态分布，例如；U 形分布、矩形分布、三角分布或梯形分布等。从原则上说，分布确定后包含因子 k_p 的数值可以由规定的包含概率 p 计算得到。但梯形分布是个例外，其包含因子 k_p 不是一个常数，而与梯形的角参数 β 有关。其值可

由公式(7－33)和(7－34)计算得到

$$k_{95}=\begin{cases}\dfrac{1-\sqrt{0.05(1-\beta^2)}}{\sqrt{\dfrac{1+\beta^2}{6}}} & \beta\leqslant 0.905\\[2ex] \dfrac{0.95(1+\beta)}{2\sqrt{\dfrac{1+\beta^2}{6}}} & \beta\geqslant 0.905\end{cases} \tag{7-33}$$

$$k_{99}=\begin{cases}\dfrac{1-\sqrt{0.01(1-\beta^2)}}{\sqrt{\dfrac{1+\beta^2}{6}}} & \beta\leqslant 0.980\\[2ex] \dfrac{0.99(1+\beta)}{2\sqrt{\dfrac{1+\beta^2}{6}}} & \beta\geqslant 0.980\end{cases} \tag{7-34}$$

不同分布时包含因子 k_{95} 和 k_{99} 的数值见表 7－4。

表 7－4 被测量接近于U形分布、矩形分布、三角分布和梯形分布时的包含因子

被测量分布		$p=0.95$	$p=0.99$
		k_{95}	k_{99}
U形分布		1.410	1.414
矩形分布	($\beta=1$)	1.65	1.71
梯形分布	$\beta=0.9$	1.64	1.74
	$\beta=0.8$	1.66	1.80
	$\beta=0.7$	1.69	1.86
	$\beta=0.6$	1.72	1.93
	$\beta=0.5$	1.77	2.00
	$\beta=0.4$	1.81	2.07
	$\beta=0.3$	1.85	2.12
	$\beta=0.2$	1.88	2.17
	$\beta=0.1$	1.90	2.19
三角分布	($\beta=0$)	1.90	2.20

注：

1 梯形分布的 k 值与其角参数 β 值有关。

2 当 $\beta=0$，梯形分布成为三角分布；当 $\beta=1$，梯形分布成为矩形分布。

在此情况下，由于包含因子是由规定的包含概率 p 和估计的被测量 y 的分布得到，因此扩展不确定度应该用 U_p 的形式表示，即：

$$U_{95}=k_{95}\cdot u_c \text{ 或 } U_{99}=k_{99}\cdot u_c \tag{7-35}$$

最后的不确定度陈述中应当给出 U_{95}（或 U_{99}），包含因子 k_{95}（或 k_{99}），以及被测量 y 的分布。

（3）当无法判断被测量 y 的分布时，或该领域有规定时，可直接取包含因子 $k=2$，此时扩展不确定度用 U 表示，即

$$U=2u_c \tag{7-36}$$

最后的不确定度陈述中应当给出 U 以及 $k=2$。

四、检定和校准结果的测量不确定度的评定

（1）在《计量标准技术报告》的“检定或校准结果的测量不确定度评定”一栏中应当填写在计量检定规程或计量技术规范规定的条件下，用该计量标准对常规的被检定或被校准对象进行检定或校准时所得结果的测量不确定度评定详细过程，并给出各不确定度分量的汇总表。

（2）如果计量标准可以检定或校准多种参数，则应当分别评定每种参数的测量不确定度。

（3）由于被检定或被校准的测量仪器通常具有一定的测量范围，因此检定和校准工作往往需要在若干个测量点进行，原则上对于每一个测量点，都应当给出测量结果的不确定度。

（4）如果计量标准的测量范围很宽，并且对于不同的测量点所得结果的不确定度不同时，检定或校准结果的不确定度可用下列两种方式之一来表示：

① 如果在整个测量范围内，测量不确定度可以表示为被测量 y 的函数，则用计算公式的形式表示测量不确定度。

② 在整个测量范围内，分段给出其测量不确定度（以每一分段中的最大测量不确定度表示）。

对于校准来说，如果用户只在某几个校准点或在某段测量范围使用，也可以只给出这几个校准点或该段测量范围的测量不确定度。

（5）无论用上述何种方式表示，均应当具体给出典型值的测量不确定度评定过程。如果对于不同的测量点，其不确定度来源和测量模型相差甚大，则应当分别给出它们的不确定度评定过程。

（6）视包含因子 k 取值方式的不同，在各种技术文件（包括测量不确定度评定的详细报告、技术报告以及检定或校准证书等）中最后给出的测量不确定度应当采用下述两种方式之一表示：

① 扩展不确定度 U

当包含因子 k 的数值不是由规定的包含概率 p 并根据被测量 y 的分布计算得到，而是直接取定时，扩展不确定度应当用 U 表示，同时给出所取包含因为 k 的数值。这包括下列两种情况：一种是无法判断被测量 y 的分布；另一种是可以估计被测量 y 接近于正态分布并且其有没效自由度足够大。一般均取 $k=2$，在能估计被测量 y 接近于正态分布，并且能确保有效自由度不小于 15 而直接取 $k=2$ 时，还可以进一步说明：“由于估计被测量接近于正态分布，并且其有效自由度足够大，故所给的扩展不确定度 U 所对应的包含概率约为 95%”。

② 扩展不确定度 U_{95}（或 U_{99}）

当包含因子 k 的数值是由规定的包含概率 p 并根据被测量 y 的分布计算得到时，扩展不确定度应该用 U_{95}（或 U_{99}）表示。对应的包含概率为 95%（或 99%）。包含概率 p 通常取 95%，当

采用其他数值时应当注明其所依据的技术文件。

在给出扩展不确定度U_{95}（或U_{99}）的同时，应当注明所取包含因子k_{95}（或k_{99}）的数值，以及被测量y的分布类型。若被测量接近于正态分布，还应当给出其有效自由度ν_{eff}。

第四节　检定或校准结果的验证

检定或校准结果的验证是指对给出的检定或校准结果的可信程度进行实验验证。由于验证的结论与测量不确定度有关，因此验证的结论在某种程度上同时也说明了所给出检定或校准结果的不确定度是否合理。

一、验证方法

检定或校准结果的验证一般应当通过更高一级的计量标准采用传递比较法进行验证。在无法找到更高一级的计量标准时，也可以通过具有相同准确度等级的建标单位之间的比对来验证检定或校准结果的合理性。

1. 传递比较法

用被考核的计量标准测量一稳定的被测对象，然后将该被测对象用另一更高级的计量标准进行测量。若用被考核计量标准和高一级计量标准进行测量时的扩展不确定度（U_{95}或$k=2$时的U，下同）分别为U_{lab}和U_{ref}，它们的测量结果分别为y_{lab}和y_{ref}，在两者的包含因子近似相等的前提下应当满足：

$$|y_{lab}-y_{ref}|\leqslant\sqrt{U_{lab}^2+U_{ref}^2} \tag{7-37}$$

当$U_{ref}\leqslant\dfrac{U_{lab}}{3}$成立时，可忽略$U_{ref}$的影响，此时上式成为：

$$|y_{lab}-y_{ref}|\leqslant U_{lab} \tag{7-38}$$

对于某些计量标准，例如量块，检定规程规定其扩展不确定度对应于99%的包含概率，此时所给出的扩展不确定度所对应的k值与2相差较大。在进行判断时，应当先将其换算到对应于$k=2$时的扩展不确定度。由于经换算后的扩展不确定度变小，即其判断标准将比不换算更严格。

2. 比对法

如果不可能采用传递比较法时，可采用多个建标单位之间的比对。假定各建标单位的计量标准具有相同准确度等级，此时采用各建标单位所得到的测量结果的平均值作为被测量的最佳估计值。

当各建标单位的测量不确定度不同时，原则上应当采用加权平均值作为被测量的最佳估计值，其权重与测量不确定度有关。但由于各建标单位在评定测量不确定度时所掌握的尺度不可能完全相同，故通常仍采用算术平均值$\overline{y}$作为参考值。

若被考核建标单位的测量结果为y_{lab}，其测量不确定度为U_{lab}，在被考核建标单位测量结果的方差比较接近于各建标单位的平均方差，以及各建标单位的包含因子均相同的条件下，应当满足：

$$|y_{lab}-\bar{y}|\leqslant\sqrt{\frac{n-1}{n}}U_{lab} \tag{7-39}$$

二、验证方法的选用

传递比较法是具有溯源性的，而比对法则并不具有溯源性，因此检定或校准结果的验证原则上应当采用传递比较法，只有在不可能采用传递比较法的情况下才允许采用比对法进行检定或校准结果的验证，并且参加比对的建标单位应当尽可能多。

第五节　现场实验结果的评价

现场实验时，考评员可以选择自带盲样、建标单位的核查标准或建标单位近期已检定或校准过的计量器具作为测量对象。最佳方案是考评员自带盲样；在考评员无法自带盲样的情况下，可以选用建标单位的核查标准作为测量对象；若建标单位无合适的核查标准可供使用，也可以选择建标单位近期已检定或校准过的计量器具作为测量对象。

一、考评员自带盲样

对于考评员自带盲样的情况，盲样所提供的参考值及其不确定度均为已知。若现场测量结果和参考值分别为 y 和 y_0，它们的扩展不确定度分别为 U 和 U_0，则要求现场测量结果与参考值之差的绝对值不大于两者的扩展不确定度（U_{95} 或 U，$k=2$）的方和根。即应当满足公式(7-40)的要求。

$$|y-y_0|\leqslant\sqrt{U^2+U_0^2} \tag{7-40}$$

二、使用建标单位的核查标准作为测量对象

当使用建标单位的核查标准作为测量对象时，建标单位应当在现场实验前提供该核查标准的参考值及其不确定度。

在这种情况下，由于现场测量结果和参考值都是采用同一套计量标准进行测量得到的，它们的测量不确定度应该相同，即 $U=U_0$。如果不考虑现场测量结果和参考值之间的相关性，则公式(7-40)成为 $|y-y_0|\leqslant\sqrt{2}U$。但实际上两者之间依然会存在一定的相关性。由于由系统效应引入的不确定度分量对于 $|y-y_0|$ 是没有贡献的，因此在扩展不确定度 U 中应当扣除由系统效应引起的测量不确定度分量。若现场测量结果和参考值分别为 y 和 y_0，它们的扩展不确定度均为 U，扣除系统效应引入的不确定度分量后的扩展不确定度为 U'，则现场测量结果与参考值之差的绝对值应当满足公式(7-41)的要求。

$$|y-y_0|\leqslant\sqrt{2}U' \tag{7-41}$$

三、使用近期刚检定或校准过的计量器具作为测量对象

若采用近期刚检定或校准过的计量器具作为测量对象，与采用建标单位的核查标准情况

相同，也必须考虑两者之间的相关性。同样，建标单位也应当在现场实验前提供该计量器具的测量结果及其不确定度。同样，也要求现场实验结果和参考值之差的绝对值满足公式(7-41)的要求。

第六节　计量标准的量值溯源和传递框图

根据与所建计量标准相应的国家计量检定系统表、计量检定规程或计量技术规范，画出该计量标准溯源到上一级计量器具和传递到下一级计量器具的量值溯源和传递框图。

一、国家计量检定系统表

在我国计量法中，明确规定"计量检定必须按照国家计量检定系统表进行"。因此，国家计量检定系统表在计量领域占据着重要的法律地位。自1987年至今，发布、实施的国家计量检定系统表已有95种，编号为JJG 2001至JJG 2095。计量检定系统表概括了我国量值传递技术全貌，凝聚了我国计量管理经验，反映了我国科学计量和法制计量水平，是我国计量工作者集体智慧的结晶。

国家计量检定系统表是为了规定量值传递程序而编制的一种法定技术文件，它对计量基准到各等级的计量标准直至工作计量器具的检定程序作出了规定，其目的是保证单位量值由计量基准经过计量标准，准确可靠地传递到工作计量器具。

二、计量标准的量值溯源和传递框图

计量标准的量值溯源和传递框图是表示计量标准溯源到上一级计量器具(指国家基准和社会公用计量标准)和传递到下一级计量器具的量值溯源和传递框图，所以它与国家计量检定系统表不一样，它只要求画出三级，不要求画到或溯源到计量基准，也不一定传递到工作计量器具。

计量标准的量值溯源和传递框图包括三级三要素。三级是指上一级计量器具、本级计量器具和下一级计量器具；三要素是指每级计量器具都有三要素：上一级计量器具三要素为计量基(标)准名称、不确定度或准确度等级或最大允许误差和计量基(标)准拥有单位(即保存机构)，本级计量器具三要素为计量标准名称、测量范围和不确定度或准确度等级或最大允许误差，下一级计量器具三要素为被测计量器具名称、测量范围、不确定度或准确度等级或最大允许误差。三级之间应当注明溯源和传递方式即检定或校准方法。

计量标准的量值溯源与传递框图格式见图7-10。

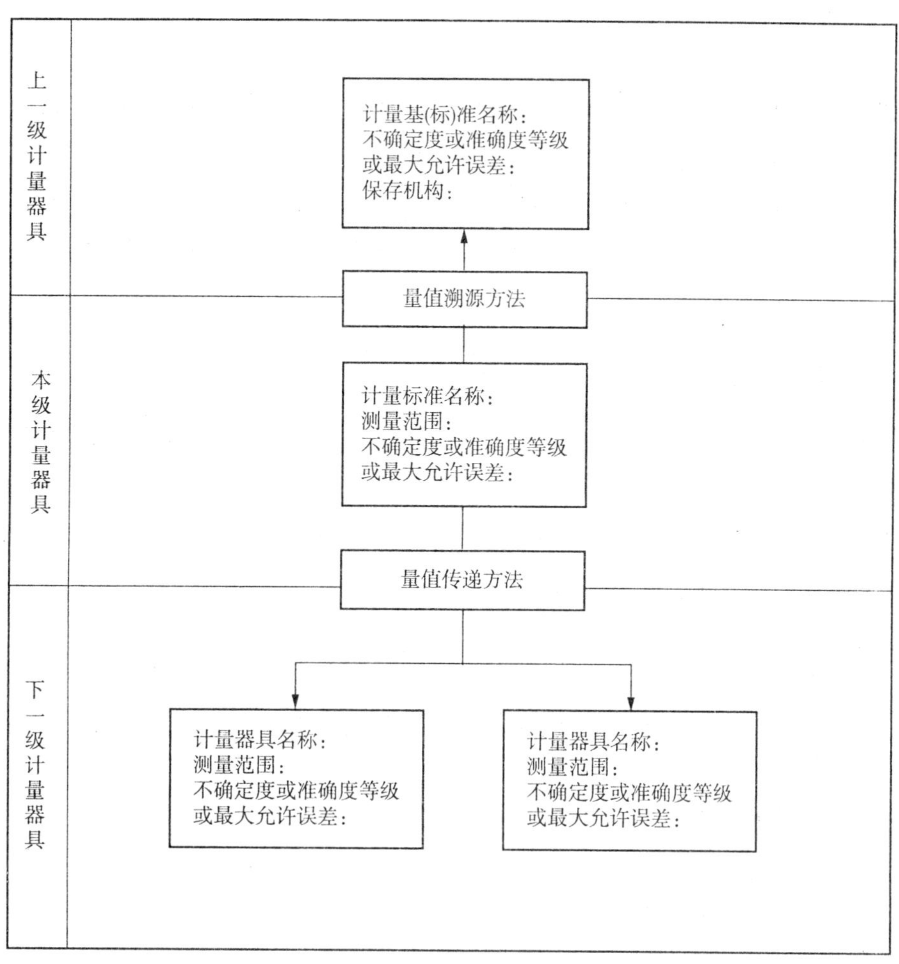

图 7-10　计量标准的量值溯源和传递框图

第七节　简化考核的计量标准的有关要求

一、简化考核的计量标准的依据

(1)国家质量监督检验检疫总局文件国质检量[2008]633 号《关于简化考核计量标准项目(第一批)的通知》(2008 年 9 月 9 日发布)；

(2)国家质量监督检验检疫总局文件国质检量[2013]600 号《关于公布简化考核计量标准项目(第二批)的通知》(2013 年 10 月 14 日发布)；

(3)JJF 1033—2016《计量标准考核规范》。

二、简化考核的计量标准的条件

简化考核的计量标准必须同时具备以下几个条件：

(1)开展检定的计量标准；

(2)构成简单、准确度等级低、环境条件要求不高的计量标准；

(3)列入国家质量监督检验检疫总局发布的《简化考核的计量标准目录》的计量标准。

三、简化考核的计量标准项目目录

简化考核的计量标准项目目录在国家质量监督检验检疫总局文件国质检量[2008]633 号《关于简化考核计量标准项目(第一批)的通知》(2008 年 9 月 9 日发布)和国质检量[2013]600 号《关于公布简化考核计量标准项目(第二批)的通知》(2013 年 10 月 14 日发布)中进行了明确。目录共有 25 项,涉及力学类计量标准 15 项,几何量类计量标准 6 项,电磁类计量标准 1 项,化学类计量标准 3 项。

四、简化考核的计量标准项目的限制条件

(1)简化考核的计量标准项目只针对开展检定;列入目录的计量标准开展校准,不能简化考核。

(2)对开展的检定项目的测量范围、不确定度/准确度等级/最大允许误差、依据的计量检定规程进行了限制;如果超过限制范围不能简化考核。

五、简化考核的计量标准免于考评的内容

按照 JJF 1033—2016《计量标准考核规范》的规定,简化考核的计量标准免于考评的内容为如下 4 项:

(1)计量标准稳定性考核;

(2)检定结果的重复性试验;

(3)检定结果的测量不确定度评定;

(4)检定结果的验证。

六、案例及案例分析

【案例 1】 某企业准备建立一项活塞式压力计标准装置,在试运行期间,在重复性条件下,用该标准装置对一只日常检定的主要计量器具——精密压力表在 10MPa 这点进行了 10 次重复测量,其测得值分别为:10.010MPa、10.015MPa、10.000MPa、10.010MPa、10.000MPa、10.005MPa、9.995MPa、9.990MPa、9.990MPa、9.985MPa。试确定测得值的重复性。

案例分析

10 次测得值的平均值:

$$\overline{P}=\frac{1}{10}\sum_{i=1}^{10}P_i=10.000\text{MPa}$$

用贝塞尔公式,计算测得值的重复性为:

$$s(P)=\sqrt{\frac{\sum_{i=1}^{n}(P_i-\overline{P})^2}{n-1}}=\sqrt{\frac{\sum_{i=1}^{10}(P_i-\overline{P})^2}{10-1}}=\sqrt{\frac{9.00\times10^{-4}}{10-1}}\text{MPa}=0.010\text{MPa}$$

具体计算过程见表 7-5。

表 7－5　测量和计算数据列表

序号 i	测得值 P_i/MPa	$(P_i-\overline{P})$/MPa	$(P_i-\overline{P})^2/(\text{MPa})^2$
1	10.010	0.010	1.00×10^{-4}
2	10.015	0.015	2.25×10^{-4}
3	10.000	0.000	0.00×10^{-4}
4	10.010	0.010	1.00×10^{-4}
5	10.000	0.000	0.00×10^{-4}
6	10.005	0.005	0.25×10^{-4}
7	9.995	−0.005	0.25×10^{-4}
8	9.990	−0.010	1.00×10^{-4}
9	9.990	−0.010	1.00×10^{-4}
10	9.985	−0.015	2.25×10^{-4}
合计	100.000	0	9.00×10^{-4}
$\overline{P}$	10.000		

【案例 2】 某计量检定机构在评定某计量标准装置的检定或校准测量结果重复性 s_r 时，通过对某稳定的被检定或被校准仪器重复测量了 n 次，按贝塞尔公式，计算出测得值的实验标准偏差 $s=0.5$。故由重复性引入的不确定度分量为 $u_1=s=0.5$。同时考虑到该被检定或被校准仪器的分辨力 $\delta=1.0$，故由分辨力引入的不确定度分量为 $u_2=0.29\delta=0.29\times1.0=0.29$，将 u_1 与 u_2 合成，最后得到重复性引入的不确定度分量为：

$$u=\sqrt{u_1^2+u_2^2}=\sqrt{0.5^2+0.29^2}=0.6$$

请分析该评定方法是否符合要求。

案例分析　该案例存在两个问题：

(1)为确保得到的重复性数据今后可以用在其他的同类测量中，不应该采用稳定的被测对象，应该采用常规的被测对象进行重复性测量。

(2)被检定或被校准仪器的分辨力也会对测得的重复性有影响。在测量不确定度评定中，当检定或校准结果的重复性引入的不确定度分量大于被检定或被校准仪器的分辨力所引入的不确定度分量时，此时重复性中已经包含分辨力对测得值的影响，故此时不应当再考虑分辨力所引入的不确定度分量。当重复性引入的不确定度分量小于被检定或被校准仪器的分辨力所引入的不确定度分量时，则应当用分辨力引入的不确定度分量代替检定或校准结果的重复性分量。本例重复性引入的不确定度分量 $u_1=s=0.5$，而被测仪器的分辨力引入的分量 $u_2=0.29$，由于 $u_1>u_2$，故重复性分量 $u=u_1=0.5$。

【案例 3】 计量标准负责人在建立计量标准时，对计量标准装置进行了检定或校准结果的重复性测量：对常规的被测对象重复测量 10 次，按贝塞尔公式计算出实验标准偏差 $s=0.08\text{V}$。由于在日常检定中是重复测 4 次，并取 4 次测量的平均值作为测量结果，故认为重复性所引入的不确定度分量应为 $s/4$，即 $s=0.08\text{V}/4=0.02\text{V}$。

案例分析　案例中的计算是错误的。在测量不确定度评定中，当检定或校准结果由单次测量得到时，由贝塞尔公式计算得到的实验标准差直接就是检定或校准结果的一个不确定度分量。当检定或校准结果由 N 次重复测量的平均值得到时，重复性引入的不确定度分量应为 $\frac{s}{\sqrt{N}}=\frac{0.08\text{V}}{\sqrt{4}}=0.04\text{V}$。

【案例 4】 考评组自带盲样进行现场考评，已知盲样的参考值 $y_{\text{ref}}=400.3\text{mg}$，其不确定度 $U_{\text{ref}}=1.5\text{mg}(k=2)$。现场测量结果为 $y_{\text{lab}}=403.8\text{mg}$。其测量不确定度包含四个相互独立分量，分别是 $u_1=1.1\text{mg}$，$u_2=1.2\text{mg}$，$u_3=1.3\text{mg}$，$u_4=1.0\text{mg}$。试判定现场考评结果是否符合要求。

案例分析

现场考评测量结果的合成标准不确定度

$$u_c=\sqrt{1.1^2\text{mg}^2+1.2^2\text{mg}^2+1.3^2\text{mg}^2+1.0^2\text{mg}^2}=2.31\text{mg}$$

故其扩展不确定度

$$U_{\text{lab}}=2u_c=2\times2.31\text{mg}=4.62\text{mg}$$

现场测量结果和参考值之差为

$$|y_{\text{lab}}-y_{\text{ref}}|=|403.8\text{mg}-400.3\text{mg}|=3.5\text{mg}$$

而两者的扩展不确定度的方和根为

$$\sqrt{U_{\text{lab}}^2+U_{\text{ref}}^2}=\sqrt{4.62^2+1.5^2}\text{mg}=4.86\text{mg}\approx4.9\text{mg}$$

对于考评员自带盲样的情况，要求现场测量结果或与参考值之差应当不大于两者的扩展不确定度（U_{95} 或 U，$k=2$）的方和根。

结论：现场测量结果符合要求。

第八章　计量标准的建立、考核、使用、保存和维护

第一节　建立计量标准的目的意义

计量标准是指准确度低于计量基准的，用于检定或校准其他计量标准或工作计量器具的计量器具。如果建标单位计划建立一项计量标准，除了应当考虑建标的成本外，还应当考虑是否符合国家有关法律法规的规定以及是否符合国民经济和社会发展的需要。

一、应当符合《中华人民共和国计量法》及相关法律法规的要求

《中华人民共和国计量法》的计量法立法宗旨是为了加强计量监督管理，保障国家计量单位制的统一和量值的准确可靠，有利于生产、贸易和科学技术的发展，适应社会主义现代化建设的需要，维护国家、人民的利益。为了保障国家计量单位制的统一和量值的准确可靠。《中华人民共和国计量法》《中华人民共和国计量法实施细则》《计量标准考核办法》等法律法规对计量标准的建立和考核做了明确规定，建标单位如需建立计量标准，必须符合这些规定。

根据《中华人民共和国计量法》等法律法规规定，建立社会公用计量标准，应当由当地人民政府计量行政部门根据本地区的需要确定，其最高等级的计量标准，需经上一级计量行政部门考核合格，次级计量标准需经当地人民政府计量行政部门考核合格，方可使用。国务院有关主管部门和省、自治区、直辖市人民政府有关主管部门，根据本部门的特殊需要建立部门计量标准，作为统一本部门量值的依据，其最高等级的计量标准，需经同级人民政府计量行政主管部门考核合格后使用；企业、事业单位根据本单位生产、科研、经营管理需要建立的计量标准，在本单位内部使用，作为统一本单位量值的依据，其最高等级计量标准需经建标单位工商注册地的计量行政部门考核合格后使用。

二、应当符合国民经济和社会发展的实际需要

建立社会公用计量标准，当地人民政府计量行政部门应当对本区域现有的计量标准现状和社会计量资源进行调查研究，科学规划本地区社会公用计量标准体系。如果现有的社会计量资源、已建的计量标准已经能够满足本地区经济发展的实际需要，就应当避免重复建设；如果现有的社会计量资源和现有的计量标准不能满足本地区的经济发展的需要，应当及时规划，科学立项，并按照计量标准的考核和管理要求组织实施。

当社会公用计量标准不能覆盖或满足不了部门专业的特殊需要时，国务院有关部门和省、自治区、直辖市有关部门可以根据本部门的特点和需求建立部门内部使用的计量标准。

企事业单位建立计量标准是为了获得及时的、低成本的、高效的计量服务，是否建立取决于本企业产品质量和工艺控制对计量工作的要求和依赖程度。

三、应当考虑社会效益和经济效益

只有具有良好的社会效益或经济效益的计量标准，才有必要建立。人民政府计量行政部门建立社会公用计量标准，应当根据本行政区域内统一量值的需要，着重考虑社会需求，同时兼顾经济效益；部门和企事业单位建立计量标准应当根据本部门和本单位的实际情况，建立生产、科研等需要的计量标准时要重点考虑经济效益。

计量标准的建立、考核、维护、使用、运行和管理等一系列工作离不开经济基础的支撑，建立计量标准应当进行经济效益分析。

经济效益等于检定或校准收益减去检定或校准支出费用。检定或校准收益等于用该计量标准一年开展检定或校准工作的台件数乘以国家规定的现行每台件收费标准。检定或校准支出费用包括计量标准器及配套设备、房屋等固定资产折旧费、量值溯源保证费、低值易耗品年消耗费、能源消耗费、人员费用、管理费用等。核定建立计量标准的收支费用，应当把资金利用率、物价变动因素考虑进去。如果是部门和企事业单位建立计量标准有可能获得计量授权对社会开展计量检定或校准，也可以把增加收入部分估计进去，综合衡量，进行计量标准经济效益分析。

第二节　计量标准的建立

建立计量标准是一项技术性很强的工作，准备工作较多，需要的时间也较长。在计量标准建立过程中，需要确定计量标准的计量特性和功能，完成计量标准器及配套设备及设施的配置，进行有效溯源，培训人员，还要进行重复性试验及稳定性考核、测量不确定度评定、检定或校准结果的验证、建立文件集等前期准备工作。

一、经费准备

建标单位应当为建标准备充足的经费。建立计量标准的经费包括实验室建设费用、计量标准器及配套设备及设施购置费用、溯源费用、人员培养费用、考核和维护费用等。

二、实验室准备

建标单位应当按照计量检定规程或计量技术规范规定的要求，准备符合要求的实验室，如果现有的实验室不满足要求，应当重新建设符合要求的实验室或对现有的实验室进行改造，建标单位还应当对实验室的环境条件进行有效监控。

三、计量标准器、配套设备及设施购置

建标单位应当按照计量检定规程或计量技术规范规定的要求，购置计量标准器、配套设备及设施。如果建标单位是事业单位或国有企业，应当按照各地人民政府有关部门的要求进行招标采购。

四、人员的配备与培养

建标单位应当根据建标后开展检定或校准的工作量，确定需要配置的人员。按照 JJF 1033 的要求，每个项目配备至少两名具有相应能力的检定或校准人员，并指定一名计量标准负责人。

建标单位应当加强对检定或校准人员的计量理论基础和专业技能的培训，根据开展检定或校准工作的需要，配备经过专业理论和实际操作培训，且经过考核合格取得相应能力证明的检定或校准人员，以保证量值传递的准确可靠。

五、建立计量标准的技术准备

申请新建计量标准的单位，应当按《考核规范》“计量标准的考核要求”的规定进行准备，并按照下列要求做好前期技术准备工作。

(1)计量标准器及主要配套设备进行有效溯源，并取得有效检定或校准证书；

(2)新建计量标准应当经过至少半年的试运行，在此期间考察计量标准的稳定性等计量特性，并确认其符合要求；

(3)按照 JJF 1033 进行检定或校准结果的验证；

(4)建立计量标准的文件集。建标单位应当完成《计量标准考核(复查)申请书》和《计量标准技术报告》等文件的填写；文件集中的计量标准的稳定性考核、检定或校准结果的重复性试验、检定或校准结果的测量不确定度评定以及检定或校准结果的验证等内容应当符合《考核规范》附录 C 的有关要求。

(5)检定或校准人员进行模拟检定或校准，至少出具两份符合要求的模拟的检定或校准项目的原始记录及相应的模拟检定或校准证书。

第三节　计量标准的考核

建标单位建立社会公用计量标准，部门和企事业单位最高等级的计量标准，应当按照《中华人民共和国计量法》《中华人民共和国计量法实施细则》《计量标准考核办法》等法律法规的规定，经有关人民政府计量行政部门考核合格后才能正式投入使用。

一、社会公用计量标准的考核

最高等级社会公用计量标准应当经上一级人民政府计量行政部门主持考核合格，取得《计量标准考核证书》和有关人民政府计量行政部门颁发的《社会公用计量标准证书》。

次级社会公用计量标准应当经本级人民政府计量行政部门主持考核合格，取得《计量标准考核证书》和本级人民政府计量行政部门颁发的《社会公用计量标准证书》。

二、部门的计量标准的考核

国务院有关主管部门和省、自治区、直辖市人民政府有关主管部门建立本部门使用的各项最高等级计量标准，应当经同级人民政府计量行政部门主持考核合格，取得《计量标准考核证书》。

国务院有关主管部门和省、自治区、直辖市人民政府有关主管部门建立本部门使用的其他次级计量标准无需申请计量标准考核，可参照《考核规范》的有关要求建立、保存、维护和使用计量标准。

三、企业、事业单位计量标准的考核

企业、事业单位建立本单位使用的各项最高计量标准经有关人民政府计量行政部门主持考核合格，取得《计量标准考核证书》。

企业、事业单位建立本单位使用的各项次级计量标准不需要申报计量标准考核，可自主参照《考核规范》的要求建立、保存、维护和使用计量标准。

第四节　计量标准的使用、保存和维护

一、计量标准的使用

(1)计量标准经考核合格，取得《计量标准考核证书》后，建标单位应当按照计量标准的性质、任务及开展量值传递的范围，办理计量标准使用手续。

① 人民政府计量行政部门组织建立的社会公用计量标准，应当办理《社会公用计量标准证书》后，向社会开展量值传递。

② 部门最高计量标准应当经主管部门批准后，在本部门内部开展非强制检定或校准。

③ 企事业单位最高计量标准应当经本单位批准后，在本单位内部开展非强制检定或校准。

④ 部门、企事业单位计量标准，需要对社会开展强制检定、非强制检定的，或者需要对部门、企业、事业内部执行强制检定的，应当经有关人民政府计量行政部门计量授权。取得《计量授权证书》后，依据授权项目、范围开展计量检定工作。

(2)建标单位应当授权具有相应能力并满足有关计量法律法规要求的检定或校准人员负责计量标准的操作和日常检定或校准工作。

(3)检定或校准人员应当严格按照计量标准的操作规程、使用说明书等的规定正确操作计量标准，开展量值传递工作，不得违规操作，以免损坏计量标准。

(4)检定或校准人员应当将计量标准使用前、后情况在《计量标准使用记录》中进行记录。

二、计量标准的保存和维护

(1)建标单位应当按照计量标准考核规范的要求，做好计量标准的保存、维护、使用和管理工作，严格执行各项管理制度，并指定专门的人员负责计量标准的保存和维护。

(2)为监督计量标准是否处于正常状态，建标单位应当定期或不定期排查各种事故隐患，以保障计量标准的正常运行。每年至少应当进行一次检定或校准结果的重复性试验和计量标准的稳定性考核。当重复性和稳定性不符合要求时，应当停止工作，查找原因，予以排除后方可投入使用。

(3)使用标签或其他方式标识计量标准器及配套设备的检定或校准状态，以及检定或校准的日期和失效的日期。

(4)应当监督计量标准器及配套设备量值溯源计划的实施，保证计量标准溯源的连续性、有效性。

(5)当计量标准器及配套设备检定或校准后产生了一组修正因子时，应当确保其所有备份得到及时、正确的更新。

(6)当计量标准器及配套设备离开实验室而失去直接或持续控制时，计量标准器及配套设备在使用前应当对其功能和检定或校准状态进行核查，满足要求后方可投入使用。

(7)计量标准器及配套设备如果出现过载、处置不当、给出可疑结果、已显示出缺陷及超出规定要求等情况时，均应当停止使用。恢复功能正常后，必须经重新检定合格或校准后再投入使用。

(8)取得《计量标准考核证书》的单位，要自觉加强考核后的管理，对计量标准的更换、复查、改造、封存与撤销等，应当按照《考核规范》的要求实施管理，应当向主持考核的人民政府计量行政部门申报、履行有关手续。

(9)积极参加由主持考核的人民政府计量行政部门组织或其认可的实验室之间的比对等测量能力的验证活动。

(10)计量标准的运行、维护等情况应当及时在计量标准履历书中进行记录；计量标准的文件集中的其他文件也应当实施动态管理，及时更新。

附　录

附录 1

中华人民共和国计量法

（1985 年 9 月 6 日第六届全国人民
代表大会常务委员会第十二次会议通过，1985 年 9 月 6 日
中华人民共和国主席令第二十八号公布，1986 年 7 月 1 日起施行）

第一章　总　则

第一条　为了加强计量监督管理，保障国家计量单位制的统一和量值的准确可靠，有利于生产、贸易和科学技术的发展，适应社会主义现代化建设的需要，维护国家、人民的利益，制定本法。

第二条　在中华人民共和国境内，建立计量基准器具、计量标准器具，进行计量检定，制造、修理、销售、使用计量器具，必须遵守本法。

第三条　国家采用国际单位制。

国际单位制计量单位和国家选定的其他计量单位，为国家法定计量单位。国家法定计量单位的名称、符号由国务院公布

非国家法定计量单位应当废除。废除的办法由国务院制定。

第四条　国务院计量行政部门对全国计量工作实施统一监督管理。

县级以上地方人民政府计量行政部门对本行政区域内的计量工作实施监督管理。

第二章　计量基准器具、计量标准器具和计量检定

第五条　国务院计量行政部门负责建立各种计量基准器具，作为统一全国量值的最高依据。

第六条　县级以上地方人民政府计量行政部门根据本地区的需要，建立社会公用计量标准器具，经上级人民政府计量行政部门主持考核合格后使用。

第七条　国务院有关主管部门和省、自治区、直辖市人民政府有关主管部门，根据本部门的特殊需要，可以建立本部门使用的计量标准器具，其各项最高计量标准器具经同级人民政府计量行政部门主持考核合格后使用。

第八条　企业、事业单位根据需要，可以建立本单位使用的计量标准器具，其各项最高计量标准器具经有关人民政府计量行政部门主持考核合格后使用。

第九条　县级以上人民政府计量行政部门对社会公用计量标准器具，部门和企业、事业单位使用的最高计量标准器具，以及用于贸易结算、安全防护、医疗卫生、环境监测方面的列入强

制检定目录的工作计量器具，实行强制检定。未按照规定申请检定或者检定不合格的，不得使用。实行强制检定的工作计量器具的目录和管理办法，由国务院制定。

对前款规定以外的其他计量标准器具和工作计量器具，使用单位应当自行定期检定或者送其他计量检定机构检定，县级以上人民政府计量行政部门应当进行监督检查。

第十条　计量检定必须按照国家计量检定系统表进行。国家计量检定系统表由国务院计量行政部门制定。

计量检定必须执行计量检定规程。国家计量检定规程由国务院计量行政部门制定。没有国家计量检定规程的，由国务院有关主管部门和省、自治区、直辖市人民政府计量行政部门分别制定部门计量检定规程和地方计量检定规程，并向国务院计量行政部门备案。

第十一条　计量检定工作应当按照经济合理的原则，就地就近进行。

第三章　计量器具管理

第十二条　制造、修理计量器具的企业、事业单位，必须具备与所制造、修理的计量器具相适应的设施、人员和检定仪器设备，经县级以上人民政府计量行政部门考核合格，取得《制造计量器具许可证》或者《修理计量器具许可证》。

制造、修理计量器具的企业未取得《制造计量器具许可证》或者《修理计量器具许可证》的，工商行政管理部门不予办理营业执照。

第十三条　制造计量器具的企业、事业单位生产本单位未生产过的计量器具新产品，必须经省级以上人民政府计量行政部门对其样品的计量性能考核合格，方可投入生产。

第十四条　未经国务院计量行政部门批准，不得制造、销售和进口国务院规定废除的非法定计量单位的计量器具和国务院禁止使用的其他计量器具。

第十五条　制造、修理计量器具的企业、事业单位必须对制造、修理的计量器具进行检定，保证产品计量性能合格，并对合格产品出具产品合格证。

县级以上人民政府计量行政部门应当对制造、修理的计量器具的质量进行监督检查。

第十六条　进口的计量器具，必须经省级以上人民政府计量行政部门检定合格后，方可销售。

第十七条　使用计量器具不得破坏其准确度，损害国家和消费者的利益。

第十八条　个体工商户可以制造、修理简易的计量器具。

制造、修理计量器具的个体工商户，必须经县级人民政府计量行政部门考核合格，发给《制造计量器具许可证》或者《修理计量器具许可证》后，方可向工商行政管理部门申请营业执照。

个体工商户制造、修理计量器具的范围和管理办法，由国务院计量行政部门制定。

第四章　计量监督

第十九条　县级以上人民政府计量行政部门，根据需要设置计量监督员。计量监督员管理办法，由国务院计量行政部门制定。

第二十条　县级以上人民政府计量行政部门可以根据需要设置计量检定机构，或者授权其他单位的计量检定机构，执行强制检定和其他检定、测试任务。

执行前款规定的检定、测试任务的人员，必须经考核合格。

第二十一条 处理因计量器具准确度所引起的纠纷，以国家计量基准器具或者社会公用计量标准器具检定的数据为准。

第二十二条 为社会提供公证数据的产品质量检验机构，必须经省级以上人民政府计量行政部门对其计量检定、测试的能力和可靠性考核合格。

第五章 法律责任

第二十三条 未取得《制造计量器具许可证》、《修理计量器具许可证》制造或者修理计量器具的，责令停止生产、停止营业，没收违法所得，可以并处罚款。

第二十四条 制造、销售未经考核合格的计量器具新产品的，责令停止制造、销售该种新产品，没收违法所得，可以并处罚款。

第二十五条 制造、修理、销售的计量器具不合格的，没收违法所得，可以并处罚款。

第二十六条 属于强制检定范围的计量器具，未按照规定申请检定或者检定不合格继续使用的，责令停止使用，可以并处罚款。

第二十七条 使用不合格的计量器具或者破坏计量器具准确度，给国家和消费者造成损失的，责令赔偿损失，没收计量器具和违法所得，可以并处罚款。

第二十八条 制造、销售、使用以欺骗消费者为目的的计量器具的，没收计量器具和违法所得，处以罚款；情节严重的，并对个人或者单位直接责任人员按诈骗罪或者投机倒把罪追究刑事责任。

第二十九条 违反本法规定，制造、修理、销售的计量器具不合格，造成人身伤亡或者重大财产损失的，比照《刑法》第一百八十七条的规定，对个人或者单位直接责任人员追究刑事责任。

第三十条 计量监督人员违法失职，情节严重的，依照《刑法》有关规定追究刑事责任；情节轻微的，给予行政处分。

第三十一条 本法规定的行政处罚，由县级以上地方人民政府计量行政部门决定。本法第二十七条规定的行政处罚，也可以由工商行政管理部门决定。

第三十二条 当事人对行政处罚决定不服的，可以在接到处罚通知之日起十五日内向人民法院起诉；对罚款、没收违法所得的行政处罚决定期满不起诉又不履行的，由作出行政处罚决定的机关申请人民法院强制执行。

第六章 附 则

第三十三条 中国人民解放军和国防科技工业系统计量工作的监督管理办法，由国务院、中央军事委员会依据本法另行制定。

第三十四条 国务院计量行政部门根据本法制定实施细则，报国务院批准施行。

第三十五条 本法自一九八六年七月一日起施行。

附：刑法有关条文

（一）第二十八条涉及的刑法条款：

第一百五十一条 盗窃、诈骗、抢夺公私财物数额较大的，处五年以下有期徒刑、拘役或者管制。

第一百一十七条　违反金融、外汇、金银、工商管理法规，投机倒把，情节严重的，处三年以下有期徒刑或者拘役，可以并处、单处罚金或者没收财产。

（二）第二十九条、第三十条涉及的刑法条款：

第一百八十七条　国家工作人员由于玩忽职守，致使公共财产、国家和人民利益遭受重大损失的，处五年以下有期徒刑或者拘役。

中华人民共和国计量法修改一

（根据2009年8月27日第十一届全国人民代表大会常务委员会第十次会议《关于修改部分法律的决定》修改）

第二十八条修改为：制造、销售、使用以欺骗消费者为目的的计量器具的，没收计量器具和违法所得，处以罚款；情节严重的，并对个人或者单位直接责任人员依照刑法有关规定追究刑事责任。

删去法律中关于“投机倒把”、“投机倒把罪”的规定，并作出条文对应的修改。1985年颁布的《计量法》第二十八条：制造、销售、使用以欺骗消费者为目的的计量器具的，没收计量器具和违法所得，处以罚款；情节严重的，并对个人或者单位直接责任人员按诈骗罪或者投机倒把罪追究刑事责任。

中华人民共和国计量法修改二

（根据2013年12月28日第十二届全国人民代表大会常务委员会第六次会议《关于修改〈中华人民共和国海洋环境保护法〉等七部法律的决定》修改）

一、删去第十条第二款中的“并向国务院计量行政部门备案”。

修改前的《计量法》“第十条第二款”：计量检定必须执行计量检定规程。国家计量检定规程由国务院计量行政部门制定。没有国家计量检定规程的，由国务院有关主管部门和省、自治区、直辖市人民政府计量行政部门分别制定部门计量检定规程和地方计量检定规程，并向国务院计量行政部门备案。

二、将第十四条中的“国务院计量行政部门”修改为“省、自治区、直辖市人民政府计量行政部门”。

修改前的《计量法》“第十四条”：未经国务院计量行政部门批准，不得制造、销售和进口国务院规定废除的非法定计量单位的计量器具和国务院禁止使用的其他计量器具。

中华人民共和国计量法修改三

（根据2015年4月24日第十二届全国人民代表大会常务委员会第十四次会议《关于修改〈中华人民共和国计量法〉等五部法律的决定》修改）

一、删去第十二条第二款。

修改前的《计量法》"第十二条第二款"：制造、修理计量器具的企业未取得《制造计量器具许可证》或者《修理计量器具许可证》的，工商行政管理部门不予办理营业执照。"

二、删去第十六条。

修改前的《计量法》"第十六条：进口的计量器具，必须经省级以上人民政府计量行政部门检定合格后，方可销售。"

三、将第十八条改为第十七条，第二款修改为："制造、修理计量器具的个体工商户，必须经县级人民政府计量行政部门考核合格，发给《制造计量器具许可证》或者《修理计量器具许可证》。"

附录 2

中华人民共和国计量法条文解释

（1987 年 5 月 30 国家计量局发布）

说　明

《中华人民共和国计量法条文解释》是根据第五届全国人民代表大会常务委员会一九八一年六月十日《关于加强法律解释工作的决议》第三条制定的。

《中华人民共和国计量法条文解释》是国家计量局对计量法具体应用的正式解释。

第一章　总　则

第一条　为了加强计量监督管理，保障国家计量单位制的统一和量值的准确可靠，有利于生产、贸易和科学技术的发展，适应社会主义现代化建设的需要，维护国家，人民的利益，制定本法。

1. 本条是对计量法立法宗旨的规定。

2. 制定计量法，是为了加强计量监督管理，健全计量法制。

3. "加强计量监督管理"是要着重解决关系国家计量单位制度的统一和全国量值的准确可靠的问题，也就是解决可能影响生产建设和社会经济秩序，造成损害国家和人民利益的计量问题。这是计量立法的基本点。

4. "保障国家计量单位制的统一和量值的准确可靠"，其最终目的是为了有利于生产、贸易和科学技术的发展，适应社会主义现代化建设的需要，维护国家和人民的利益。

5. "有利于生产、贸易和科学技术的发展，适应社会主义现代化建设的需要"，体现了计量单位制度的统一和量值的准确可靠是社会主义现代化建设的计量保证，体现了计量工作是发展国民经济的一项重要的技术基础。

6. "维护国家、人民的利益"，体现了制定计量法，加强工业计量和民生计量工作的法制监督，直接关系着国家和消费者的利益，关系着人民健康和生命、财产的安全。

第二条　在中华人民共和国境内，建立计量基准器具、计量标准器具，进行计量检定，制造、修理、销售、使用计量器具，必须遵守本法

1. 本条是对计量法调整范围的规定，包括适用的地域和调整对象。

2. 适用的地域，即"中华人民共和国境内"。

3. 调整对象，即机关、团体、部队、企业事业单位和个人之间，在建立计量基准器具、计量标准器具，进行计量检定，制造、修理、销售、使用计量器具等方面所发生的各种法律关系。本法有关条款还规定了调整使用计量单位，实施计量监督等方面发生的各种法律关系。

4. 计量器具是指能用以直接或间接测出被测对象量值的装置、仪器仪表、量具和用于统一量值的标准物质，包括计量基准器具、计量标准器具和工作计量器具。

5. 计量基准器具即国家计量基准器具，简称计量基准，是指用以复现和保存计量单位量值，

经国务院计量行政部门批准作为统一全国量值最高依据的计量器具。

6. 计量标准器具，简称计量标准，是指准确度低于计量基准的，用于检定其他计量标准或工作计量器具的计量器具。

7. 计量检定是指为评定计量器具的计量性能，确定其是否合格所进行的全部工作。

第三条 国家采用国际单位制。

国际单位制计量单位和国家选定的其他计量单位，为国家法定计量单位。国家法定计量单位的名称、符号由国务院公布。

非国家法定计量单位应当废除。废除的办法由国务院制定。

1. 本条是对我国采用计量单位制度的规定。

2. 我国采用的是国际单位制。

3. 我国允许使用的计量单位是国家法定计量单位。国家法定计量单位，由国际单位制单位和国家选定的非国际单位制单位组成。

4. “国家法定计量单位的名称、符号由国务院公布”。国务院一九八四年二月二十七日发布的《关于在我国统一实行法定计量单位的命令》，对法定计量单位的名称、符号已作了规定。

5. “非国家法定计量单位应当废除。废除的办法由国务院制定”。国务院一九八四年一月二十日批准的《全面推行我国法定计量单位的意见》，对废除的步骤、年限和如何区别不同情况等，已作了规定。

第四条 国务院计量行政部门对全国计量工作实施统一监督管理。

县级以上地方人民政府计量行政部门对本行政区域内的计量工作实施监督管理。

1. 本条是对我国计量监督管理体制、计量监督管理机构及其监督管理职能的规定。

2. 我国是按行政区划实施计量监督管理的，全国计量工作由国务院计量行政部门负责实施统一监督管理。各行政区域内的计量工作由当地人民政府计量行政部门负责监督管理。

3. 县级以上人民政府计量行政部门，是同级人民政府的计量监督管理机构。

4. 县级以上人民政府计量行政部门，除了政府机关的管理职能以外，还要监督本行政区内的机关、团体、部队、企业事业单位和个人遵守与执行计量法律、法规。

5. “县级以上”含县级。

第二章 计量基准器具、计量标准器具和计量检定

第五条 国务院计量行政部门负责建立各种计量基准器具，作为统一全国量值的最高依据。

1. 本条是对计量基准的建立及计量基准法律地位的规定。

2. 计量基准“作为统一全国量值的最高依据”，是指全国的各级计量标准和工作计量器具的量值，都要溯源于计量基准。

3. “国务院计量行政部门负责建立”，是指国务院计量行政部门根据国家的实际情况和各方面的条件统一规划、组织建立。组织建立的原则：属于基本的、通用的、为各行各业服务的计量基准，建在国家法定计量检定机构；属于专业性强，仅为个别行业所需要，或者工作条件要求特殊的计量基准，可授权其他部门建在有关技术机构。

第六条 县级以上地方人民政府计量行政部门根据本地区的需要，建立社会公用计量标准

器具，经上级人民政府计量行政部门主持考核合格后使用。

1. 本条是对社会公用计量标准器具的建立及社会公用计量标准器具法律地位的规定。

2. 社会公用计量标准器具”简称社会公用计量标准，是指经过政府计量行政部门考核、批准，作为统一本地区量值的依据，在社会上实施计量监督具有公证作用的计量标准。

3. 建立社会公用计量标准，由当地人民政府计量行政部门根据本地区的需要决定，不需经上一级人民政府计量行政部门审批。但建立之后，必须经考核合格才能使用。

4. 本条关于须经上级人民政府计量行政部门主持考核的社会公用计量标准，在具体应用时，是指各地区最高等级的社会公用计量标准。

第七条 国务院有关主管部门和省、自治区、直辖市人民政府有关主管部门，根据本部门的特殊需要，可以建立本部门使用的计量标准器具，其各项最高计量标准器具经同级人民政府计量行政部门主持考核合格后使用。

1. 本条是对省级以上人民政府有关主管部门建立计量标准以及这些计量标准法律地位的规定。

2. 省级以上人民政府有关主管部门根据本部门的特殊需要建立的计量标准，在本部门内部使用，作为统一本部门量值的依据。

3. “根据本部门的特殊需要”，是指社会公用计量标准不能适应某部门专业特点的特殊需要。

4. 建立本部门的各项最高计量标准，须经同级人民政府计量行政部门主持考核合格后，才能在本部门内开展检定。“主持考核”是指同级人民政府计量行政部门负责组织法定计量检定机构或授权的有关技术机构进行的考核。

第八条 企业、事业单位根据需要，可以建立本单位使用的计量标准器具，其各项最高计量标准器具经有关人民政府计量行政部门主持考核合格后使用。

1. 本条是对企业、事业单位建立计量标准以及这些计量标准法律地位的规定。

2. 企业、事业单位根据生产、科研、经营管理需要建立的计量标准，在本单位内部使用，作为统一本单位量值的依据。

3. 建立本单位的各项最高计量标准，须经有关人民政府计量行政部门主持考核合格后，才能在本单位内部开展检定。

4. 本条关于须“经有关人民政府计量行政部门主持考核”的规定，在具体应用时，是指须经与企业、事业单位的主管部门同级的人民政府计量行政部门主持考核。但乡镇企业应由当地县级人民政府计量行政部门主持考核。

第九条 县级以上人民政府计量行政部门对社会公用计量标准器具，部门和企业、事业单位使用的最高计量标准器具，以及用于贸易结算、安全防护、医疗卫生、环境监测方面的列入强制检定目录的工作计量器具，实行强制检定。未按照规定申请检定或者检定不合格的，不得使用。实行强制检定政府的工作计量器具的目录和管理办法，由国务院制定。

对前款规定以外的其他计量标准器具和工作计量器具使用单位应当自行定期检定或者送其他计量检定机构检定，县级以上人民政府计量行政部门应当进行监督检查。

1. 本条是对强制检定的计量器具和非强制检定的计量器具检定管理的规定。

2. 社会公用计量标准，部门和企业、事业单位使用的最高计量标准，为强制检定的计量标准。

强制检定的计量标准和强制检定的工作计量器具，统称为强制检定的计量器具。

3.强制检定是指由县级以上人民政府计量行政部门指定的法定计量检定机构或授权的计量检定机构，对强制检定的计量器具实行的定点定期检定。检定周期由执行强制检定的计量检定机构根据计量检定规程，结合实际使用情况确定。

4.本条关于县级以上人民政府计量行政部门对强制检定的计量器具实行强制检定的规定，在具体应用时，是指对强制检定的计量标准，由主持考核该项计量标准的有关人民政府计量行政部门指定的计量检定机构进行检定；对强制检定的工作计量器具，由当地县(市)级人民政府计量行政部门指定的计量检定机构进行检定。当地不能检定的，由上一级人民政府计量行政部门指定的计量检定机构进行检定。

5.“前款规定以外的其他计量标准器具和工作计量器具”，是指除了强制检定的计量器具以外的其他依法管理的计量标准和工作计量器具，即非强制检定的计量器具。

6.非强制检定是指由使用单位自己依法进行的定期检定，或者本单位不能检定的，送有权对社会开展量值传递工作的其他计量检定机构进行的检定。县级以上人民政府计量行政部门应对其进行监督检查。

7.强制检定与非强制检定，是对计量器具依法管理的两种形式。不按本条规定进行周期检定的，都要负法律责任。

8.《中华人民共和国强制检定的工作计量器具检定管理办法》已由国务院发布，并定于一九八七年七月一日起施行。

第十条 计量检定必须按照国家计量检定系统表进行。国家计量检定系统表由国务院计量行政部门制定。

计量检定必须执行计量检定规程。国家计量检定规程由国务院计量行政部门制定。没有国家计量检定规程的，由国务院有关主管部门和省、自治区、直辖市人民政府计量行政部门分别制定部门计量检定规程和地方计量检定规程，并向国务院计量行政部门备案。

1.本条是对计量检定所必须依据的技术规范的规定。

2.国家计量检定系统表是指从计量基准到各等级的计量标准直至工作计量器具的检定程序所作的技术规定，它由文字和框图构成，简称国家计量检定系统。

3.计量检定规程是指对计量器具的计量性能、检定项目、检定条件、检定方法、检定周期以及检定数据处理等所作的技术规定，包括国家计量检定规程、部门和地方计量检定规程。

4.国家计量检定规程由国务院计量行政部门制定，在全国范围内施行。没有国家计量检定规程的，国务院有关主管部门可制定部门计量检定规程，在本部门内施行。省、自治区、直辖市人民政府计量行政部门可制定地方计量检定规程，在本行政区内施行。

部门和地方计量检定规程须向国务院计量行政部门备案。

第十一条 计量检定工作应当按照经济合理的原则，就地就近进行。

1.本条是对实施强制检定和非强制检定所应遵循的原则的规定，也就是对全国量值传递体制的规定。

2.“经济合理”是指进行计量检定，组织量值传递要充分利用现有的计量检定设施，合理地部署计量检定网点。

3. 就地就近进行计量检定，是指组织量值传递不受行政区划和部门管辖的限制。

第三章 计量器具管理

第十二条 制造、修理计量器具的企业、事业单位，必须具备与所制造、修理的计量器具相适应的设施、人员和检定仪器设备，经县级以上人民政府计量行政部门考核合格，取得《制造计量器具许可证》或者《修理计量器具许可证》。

制造、修理计量器具的企业未取得《制造计量器具许可证》或者《修理计量器具许可证》的，工商行政管理部门不予办理营业执照。

1. 本条是对企业、事业单位制造、修理计量器具必须具备的条件和必须履行的法律手续的规定。

2. “相适应的设施、人员和检定仪器设备”，是指与其制造、修理计量器具相适应的生产、检定条件。具体包括生产设施、出厂检定条件、人员技术状况以及有关技术文件和计量规章制度。

3. 我国对制造、修理计量器具实行许可证制度。对制造、修理计量器具的企业、事业单位进行考核，颁发许可证，是对其制造、修理计量器具资格的计量从证。

4. 企业、事业单位制造计量器具，必须按规定履行法律手续，申请办理制造计量器具许可证。在具体应用本条规定时，企业、事业单位向与其主管部门同级的人民政府计量行政部门申请考核发证，其中乡镇企业向当地县级人民政府计量行政部门申请考核发证。

5. “修理计量器具”是指面向社会开展经营性修理业务。企业、事业单位修理计量器具，必须按规定履行法律手续，申请办理修理计量器具许可证。在具体应用本条规定时，企业、事业单位向当地县(市)级人民政府计量行政部门申请考核发证。当地不能考核的，向上一级地方人民政府计量行政部门申请。

6. 新开业或扩大、改变经营范围制造、修理计量器具的企业单位，应先取得制造、修理计量器具许可证，否则工商行政管理部门不予办理营业执照或扩大、改变经营范围的登记。

第十三条 制造计量器具的企业、事业单位生产本单位未生产过的计量器具新产品，必须经省级以上人民政府计量行政部门对其样品的计量性能考核合格，方可投入生产。

1. 本条是对企业、事业单位制造计量器具新产品必须履行法律手续的规定。

2. “本单位未生产过的计量器具新产品”是指在全国范围内从未生产过的(含对原有产品在结构、性能、材质、技术特征等方面做了重大改进的)，或者在全国范围内虽已定型生产，而本单位未生产过的计量器具。

3. 企业、事业单位制造计量器具新产品，必须按规定履行法律手续，向省级以上人民政府计量行政部门申请对其计量器具新产品的样品考核合格，即对计量器具新产品的样品进行定型或样机试验合格。

4. 制造在全国范围内从未生产过的计量器具新产品，必须进行计量器具新产品定型，包括定型鉴定和型式批准。定型鉴定由国务院计量行政部门授权的技术机构进行；型式批准向当地省级人民政府计量行政部门申请办理。省级人民政府计量行政部门批准的型式，经国务院计量行政部门审核同意后，作为全国通用型式，予以公布。

制造在全范围内虽已定型生产而本单位未生产过的计量器具新产品，必须进行样机试验。样机试验由所在地方的省级人民政府计量行政部门授权的技术机构进行。

5. 企业、事业单位未履行本条规定的法律手续，不得制造计量器具新产品。

第十四条　未经国务院计量行政部门批准，不得制造、销售和进口国务院规定废除的非法定计量单位的计量器具和国务院禁止使用的其他计量器具。

1. 本条是对我国不准制造、销售和进口的计量器具的规定。

2. 不得制造、销售和进口的计量器具，包括非法定计量单位的计量器具和国务院禁止使用的其他计量器具。

3. "国务院禁止使用的其他计量器具"是指经实践证明结构不合理或计量性能已不符合法制管理要求，由国务院明令禁止的计量器具。

4. 因特殊需要，必须制造、销售或进口非法定计量单位的计量器具和国务院禁止使用的其他计量器具，本条规定由国务院计量行政部门审核、批准。

特殊需要，是指在用英制设备需要的一部分英制计量器具，以及应外商要求需要制造出口的非法定计量单位的计量器具和国务院明令禁止的计量器具等。

第十五条　制造、修理计量器具的企业、事业单位必须对制造、修理的计量器具进行检定，保证产品计量性能合格，并对合格产品出具产品合格证。

县级以上人民政府计量行政部门应当对制造、修理的计量器具的质量进行监督检查。

1. 本条是对保证制造、修理计量器具的质量的规定。

2. 制造、修理计量器具的企业、事业单位应对制造、修理计量器具的质量负责。

"必须对制造、修理的计量器具进行检定"，是指必须对制造、修理的计量器具按计量检定规程执行"出厂检定"。

"保证产品计量性能合格"，是指保证制造、修理的计量器具的质量符合计量检定规程的要求。

"出具产品合格证"，是指对制造的计量器具出具产品合格证或对修理后的计量器具出具检定合格证。

3. 县级以上人民政府计量行政部门负责对制造、修理计量器具的质量进行监督检查。监督检查的形式，包括抽样检定或监督试验。

第十六条　进口的计量器具，必须经省级以上人民政府计量行政部门检定合格后，方可销售。

1. 本条是对进口以销售为目的的计量器具实施计量法制监督的规定。

2. "进口的计量器具"，是指企业、事业单位和个人进口以销售为目的的计量器具。

3. 凡进口以销售为目的的计量器具的单位和个人，必须向所在的省、自治区、直辖市人民政府计量行政部门申请检定，由其指定的计量检定机构执行检定。当地不能检定的，向国务院计量行政部门申请检定。

第十七条　使用计量器具不得破坏其准确度，损害国家和消费者的利益。

1. 本条是对使用计量器具的作弊行为实施计量法制监督的规定。

2. 使用计量器具破坏其准确度是指为牟取非法利益，通过作弊故意使计量器具失准。

第十八条　个体工商户可以制造、修理简易的计量器具。

制造、修理计量器具的个体工商户，必须经县级人民政府计量行政部门考核合格，发给《制造计量器具许可证》或者《修理计量器具许可证》后，方可向工商行政管理部门申请营业执照。

个体工商户制造、修理计量器具的范围和管理办法，由国务院计量行政部门制定。

1. 本条是对个体工商户制造、修理计量器具的范围和必须履行的法律手续的规定。

2. 国家允许个体工商户制造、修理简易计量器具。简易计量器具是指产品结构简单，制造、修理容易，根据我国当前个体工商户的一般技术水平和生产、检定条件，能够制造、修理并可以保证质量的计量器具。具体范围由国务院计量行政部门制定的《个体工商户制造、修理计量器具管理办法》确定。

3. 制造、修理计量器具的个体工商户，必须按规定履行法律手续，向当地县（市）级人民政府计量行政部门申请考核，办理制造或修理计量器具许可证后，方可向工商行政管理部门申请办理营业执照。

4. 在具体应用本条规定时，“县级人民政府计量行政部门”是指县、旗、市辖区以及不设区的市人民政府计量行政部门。

第四章　计量监督

第十九条　县级以上人民政府计量行政部门，根据需要设置计量监督员。计量监督员管理办法，由国务院计量行政部门制定。

1. 本条是对县级以上人民政府计量行政部门设置计量监督员的规定。

2. 计量监督员是县级以上人民政府计量行政部门任命的具有专门职能的计量执法人员，在规定的区域内执行计量监督任务。

3. 计量监督员的设置及其职责，由国务院计量行政部门制定的《计量监督员管理办法》确定。

第二十条　县级以上人民政府计量行政部门可以根据需要设置计量检定机构，或者授权其他单位的计量检定机构，执行强制检定和其他检定、测试任务。

执行前款规定的检定、测试任务的人员，必须经考核合格。

1. 本条是对县级以上人民政府计量行政部门实施计量法制监督所需要的计量检定机构和计量检定人员的规定。

2. 县级以上人民政府计量行政部门依法设置的计量检定机构，为国家法定计量检定机构。

3. “计量检定机构”是指承担计量检定工作的有关技术机构。

4. “其他检定、测试任务”，在具体应用时，是指本法规定的计量标准考核，制造、修理计量器具条件的考核，定型鉴定，样机试验，仲裁检定，产品质量检验机构的计量认证，法定计量检定机构进行的非强制检定，以及政府计量行政部门授权的机构面向社会进行的非强制检定。

5. “授权其他单位的计量检定机构，执行强制检定和其他检定、测试任务”，在具体应用时，采取以下形式：

（1）授权专业性或区域性计量检定机构，作为法定计量检定机构；

（2）授权有关技术机构建立社会公用计量标准

（3）授权某一部门或某一单位的计量检定机构，对其内部使用的强制检定的计量器具执行强制检定；

（4）授权有关技术机构，承担法律规定的其他检定、测试任务。

6. 执行强制检定和本条解释的第 4 项“其他检定、测试任务”的人员，必须经县级以上人民政府计量行政部门考核合格，发给计量检定证件，取得执行检定、测试任务的资格。

第二十一条 处理因计量器具准确度所引起的纠纷，以国家计量基准器具或者社会公用计量标准器具检定的数据为准。

1. 本条是对作为处理计量纠纷所依据的检定数据的规定。

2. 因计量器具准确度所引起的纠纷，为计量纠纷。

3. 以计量基准或社会公用计量标准检定的数据作为处理计量纠纷的依据，具有法律效力。

4. 用计量基准或社会公用计量标准所进行的以裁决为目的的计量检定、测试活动，统称为仲裁检定。

第二十二条 为社会提供公证数据的产品质量检验机构，必须经省级以上人民政府计量行政部门对其计量检定、测试的能力和可靠性考核合格。

1. 本条是对为社会提供公证数据的产品质量检验机构，实施计量法制监督的规定。

2. 省级以上人民政府计量行政部门对产品质量检验机构计量检定、测试的能力和可靠性考核合格，即为产品质量检验机构的计量认证。

3. 对产品质量检验机构的计量认证，是证明其在认证的范围内，具有为社会提供公证数据的资格。

4. 为社会提供公证数据的产品质量检验机构，是指面向社会从事产品质量评价工作的技术机构。

5. 对为社会提供公证数据的产品质量检验机构的计量检定、测试的能力和可靠性的考核，具体包括：

(1)计量检定、测试设备的性能；

(2)计量检定、测试设备的工作环境和人员的操作技能；

(3)保证量值统一、准确的措施及检测数据公正可靠的管理制度。

6. 对产品质量检验机构进行计量认证，由省级以上人民政府计量行政部门负责；具体考核工作，由其指定所属的计量检定机构或授权的技术机构进行。

在具体应用时，属全国性的产品质量检验机构，向国务院计量行政部门申请计量认证；属地方性的产品质量检验机构，向所在的省、自治区、直辖市人民政府计量行政部门申请。

7. “必须经省级以上人民政府计量行政部门对其计量检定、测试的能力和可靠性考核合格”，是指未取得计量认证合格证书的，不得开展产品质量检验工作。

第五章 法律责任

第二十三条 未取得《制造计量器具许可证》、《修理计量器具许可证》制造或者修理计量器具的，责令停止生产、停止营业，没收违法所得，可以并处罚款。

1. 本条是对违反本法第十二条、第十八条的行为，追究行政法律责任的规定。

2. 本条规定的行政处罚适用于制造、修理计量器具的企业、事业单位和个体工商户。其中停止生产的行政处罚，适用于制造计量器具的企业、事业单位和个体工商户；停止营业的行政处罚，适用于修理计量器具的企业、事业单位和个体工商户。

3. 本条规定的各项行政处罚，可单独适用，也可合并适用。

4. 处以停止生产、停止营业的期限，罚款的限额，没收违法所得和罚款的处理等，按本法《实施细则》或有关管理办法的规定执行。

第二十四条　制造、销售未经考核合格的计量器具新产品的，责令停止制造、销售该种新产品，没收违法所得，可以并处罚款。

1. 本条是对违反本法第十三条的行为，追究行政法律责任的规定。

2. 本条规定的行政处罚适用于制造、销售计量器具的企业、事业单位和个体工商户。

3. “未经考核合格的计量器具新产品”，是指未经省级以上人民政府计量行政部门型式批准或样机试验合格的计量器具新产品。

4. 其他解释内容同本法第二十三条解释的第3、4项。

第二十五条　制造、修理、销售计量器具不合格的，没收违法所得，可以并处罚款。

1. 本条是对违反本法第十五条和销售不合格计量器具的行为，追究行政法律责任的规定。

2. “制造、修理、销售计量器具不合格”，是指出厂或交付用户的计量器具不合格或者没有合格证。

3. 本条规定的行政处罚适用于制造、修理和销售计量器具的企业、事业单位和个体工商户。

4. 其他解释内容同本法第二十三条解释的第3、4项。

第二十六条　属强制检定范围的计量器具，未按照规定申请检定或者检定不合格继续使用的，责令停止使用，可以并处罚款

1. 本条是对违反本法第九条第一款的行为，追究行政法律责任的规定。

2. “强制检定范围”是指本法第九条第一款规定的范围，其中强制检定的工作计量器具，由《中华人民共和国强制检定的工作计量器具目录》确定。

3. “未按照规定申请检定”，是指未按照本法《实施细则》和《中华人民共和国强制检定的工作计量器具检定管理办法》申请检定，以及未按照地方人民政府计量行政部门实施强制检定的有关规定申请检定。

4. 本条规定的行政处罚适用于使用强制检定的计量器具的任何单位和个人。

5. 其他解释内容同本法第二十三条解释的第3、4项。

第二十七条　使用不合格的计量器具或者破坏计量器具准确度，给国家和消费者造成损失的，责令赔偿损失，没收计量器具和违法所得，可以并处罚款。

1. 本条是对违反本法第十七条和使用不合格的计量器具，给国家和消费者造成损失的行为，追究行政法律责任和民事法律责任的规定。

2. 本条规定的行政处罚适用于任何单位和个人。

3. “使用不合格的计量器具”，是指使用无检定合格印、证或者超过检定周期，以及经检定不合格的计量器具。

4. 其他解释内容同本法第二十三条解释的第3、4项。

第二十八条　制造、销售、使用以欺骗消费者为目的的计量器具的，没收计量器具和违法所得，处以罚款；情节严重的，并对个人或者单位直接责任人员按诈骗罪或者投机倒把罪追究刑事责任。

1. 本条是对制造、销售、使用以欺骗消费者为目的的计量器具的行为，追究行政法律责任或刑事法律责任的规定。

2. 按本条的规定，情节严重需追究刑事法律责任的，适用《刑法》第 151 条、第 117 条。

3. 本法涉及的刑法条款：

第 151 条　盗窃、诈骗、抢夺公私财物数额较大的，处五年以下有期徒刑、拘役或者管制。

第 117 条　违反金融、外汇、金银、工商管理法规，投机倒把，情节严重的，处三年以下有期徒刑或者拘役，可以并处、单处罚金或者没收财产。

4. 其他解释内容同本法第二十三条解释的第 3、4 项。

第二十九条　违反本法规定，制造、修理、销售的计量器具不合格，造成人身伤亡或者重大财产损失的，比照《刑法》第一百八十七条的规定，对个人或者单位直接责任人员追究刑事责任。

1. 本条是对违反本法第十五条和销售的计量器具不合格，并造成人身伤亡或重大财产损失的行为，追究刑事法律责任的规定。

2. 本条对我国刑法做了补充规定。按本条规定需追究刑事法律责任的，比照《刑法》第 187 条执行。

《刑法》第 187 条规定，"国家工作人员由于玩忽职守，致使公共财产、国家和人民利益遭受重大损失的，处五年以下有期徒刑或者拘役。"

3. "制造、修理、销售的计量器具下合格"的含义，同本法第二十五条解释的第 2 项。

第三十条　计量监督人员违法失职，情节严重的，依照《刑法》有关规定追究刑事责任；情节轻微的，给予行政处分。

1. 本条是对计量执法人员失职的行为，追究行政法律责任和刑事法律责任的规定。

2. 按本条规定需追究刑事法律责任的，适用《刑法》第 187 条。

3. 给予行政处分，由违法者所在单位决定或由其上级领导机关决定。

第三十一条　本法规定的行政处罚，由县级以上地方人民政府计量行政部门决定。本法第二十七条规定的行政处罚，也可以由工商行政管理部门决定。

1. 本条是对适用本法各项行政处罚的专门机关的规定。

2. 适用本法各项行政处罚的专门机关是县级以上地方人民政府计量行政部门。

3. 适用本法第二十七条行政处罚的机关，也可以是工商行政管理部门。

第三十二条　当事人对行政处罚决定不服的，可以在接到处罚通知之日起十五日内向人民法院起诉；对罚款、没收违法所得的行政处罚决定期满不起诉又不履行的，由作出行政处罚决定的机关申请人民法院强制执行。

1. 本条是关于当事人对行政处罚决定不服，向人民法院诉讼或强制其履行处罚决定的规定。

2. 本条的含义是当事人对行政处罚不服，允许其向人民法院起诉；对罚款、没收违法所得的行政处罚，如当事人逾期不起诉，则处罚决定生效。对不履行处罚决定的，由作出行政处罚决定的机关申请人民法院强制其执行。

第六章　附　则

第三十三条　中国人民解放军和国防科技工业系统计量工作的监督管理办法，由国务院、中央军事委员会依据本法另行制定。

1. 本条是对制定国防系统计量工作的监督管理办法的规定。

2.国防系统计量工作的监督管理办法,必须符合本法的规定,以本法为依据。

第三十四条 国务院计量行政部门根据本法制定实施细则,报国务院批准施行。

1.本条是对制定本法《实施细则》的规定。

2.本法的《实施细则》授权国务院计量行政部门拟定,报国务院批准后,由国务院计量行政部门发布并在全国施行,具有行政法规的法律效力。

3.《中华人民共和国计量法实施细则》已由国务院批准,于一九八七年二月一日由国家计量局发布施行。

第三十五条 本法自一九八六年七月一日起施行。

本条是对本法生效时间的规定,即计量法自一九八六年七月一日施行,各条规定生效。

附录 3

中华人民共和国计量法实施细则

（1987 年 1 月 19 日国务院批准，1987 年 2 月 1 日国家计量局发布）

第一章 总 则

第一条 根据《中华人民共和国计量法》的规定，制定本细则。

第二条 国家实行法定计量单位制度。国家法定计量单位的名称、符号和非国家法定计量单位的废除办法，按照国务院关于在我国统一实行法定计量单位的有关规定执行。

第三条 国家有计划地发展计量事业，用现代计量技术装备各级计量检定机构，为社会主义现代化建设服务，为工农业生产、国防建设、科学实验、国内外贸易以及人民的健康、安全提供计量保证，维护国家和人民的利益。

第二章 计量基准器具和计量标准器具

第四条 计量基准器具（简称计量基准，下同）的使用必须具备下列条件：

（一）经国家鉴定合格；

（二）具有正常工作所需要的环境条件；

（三）具有称职的保存、维护、使用人员；

（四）具有完善的管理制度。

符合上述条件的，经国务院计量行政部门审批并颁发计量基准证书后，方可使用。

第五条 非经国务院计量行政部门批准，任何单位和个人不得拆卸、改装计量基准，或者自行中断其计量检定工作。

第六条 计量基准的量值应当与国际上的量值保持一致。国务院计量行政部门有权废除技术水平落后或者工作状况不适应需要的计量基准。

第七条 计量标准器具（简称计量标准，下同）的使用，必须具备下列条件：

（一）经计量检定合格；

（二）具有正常工作所需要的环境条件；

（三）具有称职的保存、维护、使用人员；

（四）具有完善的管理制度。

第八条 社会公用计量标准对社会上实施计量监督具有公证作用。县级以上地方人民政府计量行政部门建立的本行政区域内最高等级的社会公用计量标准，须向上一级人民政府计量行政部门申请考核；其他等级的，由当地人民政府计量行政部门主持考核。

经考核符合本细则第七条规定条件并取得考核合格证的，由当地县级以上人民政府计量行政部门审批颁发社会公用计量标准证书后，方可使用。

第九条 国务院有关主管部门和省、自治区、直辖市人民政府有关主管部门建立的本部门各项最高计量标准，经同级人民政府计量行政部门考核，符合本细则第七条规定条件并取得考核合格证的，由有关主管部门批准使用。

第十条　企业、事业单位建立本单位各项最高计量标准，须向与其主管部门同级的人民政府计量行政部门申请考核。乡镇企业向当地县级人民政府计量行政部门申请考核。经考核符合本细则第七条规定条件并取得考核合格证的，企业、事业单位方可使用，并向其主管部门备案。

第三章　计量检定

第十一条　使用实行强制检定的计量标准的单位和个人，应当向主持考核该项计量标准的有关人民政府计量行政部门申请周期检定。

使用实行强制检定的工作计量器具的单位和个人，应当向当地县(市)级人民政府计量行政部门指定的计量检定机构申请周期检定。当地不能检定的，向上一级人民政府计量行政部门指定的计量检定机构申请周期检定。

第十二条　企业、事业单位应当配备与生产、科研、经营管理相适应的计量检测设施，制定具体的检定管理办法和规章制度，规定本单位管理的计量器具明细目录及相应的检定周期，保证使用的非强制检定的计量器具定期检定。

第十三条　计量检定工作应当符合经济合理、就地就近的原则，不受行政区划和部门管辖的限制。

第四章　计量器具的制造和修理

第十四条　企业、事业单位申请办理《制造计量器具许可证》，由与其主管部门同级的人民政府计量行政部门进行考核；乡镇企业由当地县级人民政府计量行政部门进行考核。经考核合格，取得《制造计量器具许可证》的，准予使用国家统一规定的标志，有关主管部门方可批准生产。

第十五条　对社会开展经营性修理计量器具的企业、事业单位，办理《修理计量器具许可证》，可直接向当地县(市)级人民政府计量行政部门申请考核。当地不能考核的，可以向上一级地方人民政府计量行政部门申请考核。经考核合格取得《修理计量器具许可证》的，方可准予使用国家统一规定的标志和批准营业。

第十六条　制造、修理计量器具的个体工商户，须在固定的场所从事经营。申请《制造计量器具许可证》或者《修理计量器具许可证》按照本细则第十五条规定的程序办理。凡易地经营的，须经所到地方的人民政府计量行政部门验证核准后方可申请办理营业执照。

第十七条　对申请《制造计量器具许可证》和《修理计量器具许可证》的企业、事业单位和个体工商户进行考核的内容为：

(一)生产设施；

(二)出厂检定条件；

(三)人员的技术状况；

(四)有关技术文件和计量规章制度。

第十八条　凡制造在全国范围内从未生产过的计量器具新产品，必须经过定型鉴定。定型鉴定合格后，应当履行型式批准手续，颁发证书。在全国范围内已经定型，而本单位未生产过的计量器具新产品，应当进行样机试验，样机试验合格后，发给合格证书。凡未经型式批准或者未取得样机试验合格证书的计量器具，不准生产。

第十九条 计量器具新产品定型鉴定，由国务院计量行政部门授权的技术机构进行；样机试验由所在地方的省级人民政府计量行政部门授权的技术机构进行。

计量器具新产品的型式由当地省级人民政府计量行政部门批准。省级人民政府计量行政部门批准的型式，经国务院计量行政部门审核同意后，作为全国通用型式。

第二十条 申请计量器具新产品定型鉴定和样机试验的单位，应当提供新产品样机及有关技术文件、资料。

负责计量器具新产品定型鉴定和样机试验的单位，对申请单位提供的样机和技术文件、资料必须保密。

第二十一条 对企业、事业单位制造、修理计量器具的质量，各有关主管部门应当加强管理，县级以上人民政府计量行政部门有权进行监督检查，包括抽检和监督试验。凡无产品合格印、证，或者经检定不合格的计量器具，不准出厂。

第五章 计量器具的销售和使用

第二十二条 外商在中国销售计量器具，须比照本细则第十八条的规定向国务院计量行政部门申请型式批准。

第二十三条 县级以上地方人民政府计量行政部门对当地销售的计量器具实施监督检查。凡没有产品合格印、证和《制造计量器具许可证》标志的计量器具不得销售。

第二十四条 任何单位和个人不得经营销售残次计量器具零配件，不得使用残次零配件组装和修理计量器具。

第二十五条 任何单位和个人不准在工作岗位上使用无检定合格印、证或者超过检定周期以及经检定不合格的计量器具。在教学示范中使用计量器具不受此限。

第六章 计量监督

第二十六条 国务院计量行政部门和县级以上地方人民政府计量行政部门监督和贯彻实施计量法律、法规的职责是：

(一)贯彻执行国家计量工作的方针、政策和规章制度、推行国家法定计量单位；

(二)制定和协调计量事业的发展规划，建立计量基准和社会公用计量标准，组织量值传递；

(三)对制造、修理、销售、使用计量器具实施监督；

(四)进行计量认证，组织仲裁检定，调解计量纠纷；

(五)监督检查计量法律、法规的实施情况，对违反计量法律、法规的行为，按照本细则的有关规定进行处理。

第二十七条 县级以上人民政府计量行政部门的计量管理人员，负责执行计量监督、管理任务；计量监督员负责在规定的区域、场所巡回检查，并可根据不同情况在规定的权限内对违反计量法律、法规的行为，进行现场处理，执行行政处罚。

计量监督员必须经考核合格后，由县级以上人民政府计量行政部门任命并颁发监督员证件。

第二十八条 县级以上人民政府计量行政部门依法设置的计量检定机构，为国家法定计量检定机构。其职责是：负责研究建立计量基准、社会公用计量标准，进行量值传递，执行强制检定和法律规定的其他检定、测试任务，起草技术规范，为实施计量监督提供技术保证，并承办有关计量监督工作。

第二十九条 国家法定计量检定机构的计量检定人员，必须经县级以上人民政府计量行政部门考核合格，并取得计量检定证件。其他单位的计量检定人员，由其主管部门考核发证。无计量检定证件的，不得从事计量检定工作。

计量检定人员的技术职务系列，由国务院计量行政部门会同有关主管部门制定。

第三十条 县级以上人民政府计量行政部门可以根据需要，采取以下形式授权其他单位的计量检定机构和技术机构，在规定的范围内执行强制检定和其他检定、测试任务：

(一)授权专业性或区域性计量检定机构，作为法定计量检定机构；

(二)授权建立社会公用计量标准；

(三)授权某一部门或某一单位的计量检定机构，对其内部使用的强制检定计量器具执行强制检定；

(四)授权有关技术机构，承担法律规定的其他检定、测试任务。

第三十一条 根据本细则第三十条规定被授权的单位，应当遵守下列规定：

(一)被授权单位执行检定、测试任务的人员，必须经授权单位考核合格；

(二)被授权单位的相应计量标准，必须接受计量基准或者社会公用计量标准的检定；

(三)被授权单位承担授权的检定、测试工作，须接受授权单位的监督；

(四)被授权单位成为计量纠纷中当事人一方时，在双方协商不能自行解决的情况下，由县级以上有关人民政府计量行政部门进行调解和仲裁检定。

第七章 产品质量检验机构的计量认证

第三十二条 为社会提供公证数据的产品质量检验机构，必须经省级以上人民政府计量行政部门计量认证。

第三十三条 产品质量检验机构计量认证的内容：

(一)计量检定、测试设备的性能；

(二)计量检定、测试设备的工作环境和人员的操作技能；

(三)保证量值统一、准确的措施及检测数据公正可靠的管理制度。

第三十四条 产品质量检验机构提出计量认证申请后，省级以上人民政府计量行政部门应指定所属的计量检定机构或者被授权的技术机构按照本细则第三十三条规定的内容进行考核。考核合格后，由接受申请的省级以上人民政府计量行政部门发给计量认证合格证书。未取得计量认证合格证书的，不得开展产品质量检验工作。

第三十五条 省级以上人民政府计量行政部门有权对计量认证合格的产品质量检验机构，按照本细则第三十三条规定的内容进行监督检查。

第三十六条 已经取得计量认证合格证书的产品质量检验机构，需新增检验项目时，应按照本细则有关规定，申请单项计量认证。

第八章　计量调解和仲裁检定

第三十七条　县级以上人民政府计量行政部门负责计量纠纷的调解和仲裁检定，并可根据司法机关、合同管理机关、涉外仲裁机关或者其他单位的委托，指定有关计量检定机构进行仲裁检定。

第三十八条　在调解、仲裁及案件审理过程中，任何一方当事人均不得改变与计量纠纷有关的计量器具的技术状态。

第三十九条　计量纠纷当事人对仲裁检定不服的，可以在接到仲裁检定通知书之日起十五日内向上一级人民政府计量行政部门申诉。上一级人民政府计量行政部门进行的仲裁检定为终局仲裁检定

第九章　费　用

第四十条　建立计量标准申请考核，使用计量器具申请检定，制造计量器具新产品申请定型和样机试验，制造、修理计量器具申请许可证，以及申请计量认证和仲裁检定，应当缴纳费用，具体收费办法或收费标准，由国务院计量行政部门会同国家财政、物价部门统一制定。

第四十一条　县级以上人民政府计量行政部门实施监督检查所进行的检定和试验不收费。被检查的单位有提供样机和检定试验条件的义务。

第四十二条　县级以上人民政府计量行政部门所属的计量检定机构，为贯彻计量法律、法规，实施计量监督提供技术保证所需要的经费，按照国家财政管理体制的规定，分别列入各级财政预算。

第十章　法律责任

第四十三条　违反本细则第二条规定，使用非法定计量单位的，责令其改正；属出版物的，责令其停止销售，可并处一千元以下的罚款。

第四十四条　违反《中华人民共和国计量法》第十四条规定，制造、销售和进口国务院规定废除的非法定计量单位的计量器具和国务院禁止使用的其他计量器具的，责令其停止制造，销售和进口，没收计量器具和全部违法所得，可并处相当其违法所得百分之十至百分之五十的罚款。

第四十五条　部门和企业、事业单位的各项最高计量标准，未经有关人民政府计量行政部门考核合格而开展计量检定，责令其停止使用，可并处一千元以下的罚款。

第四十六条　属于强制检定范围的计量器具，未按照规定申请检定和属于非强制检定范围的计量器具未自行定期检定或者送其他计量检定机构定期检定的，以及经检定不合格继续使用的，责令其停止使用，可并处一千元以下的罚款。

第四十七条　未取得《制造计量器具许可证》或者《修理计量器具许可证》制造、修理计量器具的，责令其停止生产、停止营业，封存制造、修理的计量器具，没收全部违法所得，可并处相当其违法所得百分之十至百分之五十的罚款。

第四十八条　制造、销售未经型式批准或样机试验合格的计量器具新产品的，责令其停止制造、销售，封存该种新产品，没收全部违法所得，可并处三千元以下的罚款。

第四十九条　制造、修理的计量器具未经出厂检定或者经检定不合格而出厂的，责令其停止出厂，没收全部违法所得；情节严重的，可并处三千元以下的罚款。

第五十条　进口计量器具，未经省级以上人民政府计量行政部门检定合格而销售的，责令其停止销售，封存计量器具，没收全部违法所得，可并处其销售额百分之十至百分之五十的罚款。

第五十一条　使用不合格计量器具或者破坏计量器具准确度和伪造数据，给国家和消费者造成损失的，责令其赔偿损失，没收计量器具和全部违法所得，可并处二千元以下的罚款。

第五十二条　经营销售残次计量器具零配件的，责令其停止经营销售，没收残次计量器具零配件和全部违法所得，可并处二千元以下的罚款；情节严重的，由工商行政管理部门吊销其营业执照。

第五十三条　制造、销售、使用以欺骗消费者为目的的计量器具的单位和个人，没收其计量器具和全部违法所得，可并处二千元以下的罚款；构成犯罪的，对个人或者单位直接责任人员，依法追究刑事责任。

第五十四条　个体工商户制造、修理国家规定范围以外的计量器具或者不按照规定场所从事经营活动的，责令其停止制造、修理，没收全部违法所得，可并处以五百元以下的罚款。

第五十五条　未取得计量认证合格证书的产品质量检验机构，为社会提供公证数据的，责令其停止检验，可并处一千元以下的罚款。

第五十六条　伪造、盗用、倒卖强制检定印、证的，没收其非法检定印、证和全部违法所得，可并处二千元以下的罚款；构成犯罪的，依法追究刑事责任。

第五十七条　计量监督管理人员违法失职，徇私舞弊，情节轻微的，给予行政处分；构成犯罪的，依法追究刑事责任。

第五十八条　负责计量器具新产品定型鉴定、样机试验的单位，违反本细则第二十条第二款规定的，应当按照国家有关规定，赔偿申请单位的损失，并给予直接责任人员行政处分；构成犯罪的，依法追究刑事责任。

第五十九条　计量检定人员有下列行为之一的，给予行政处分；构成犯罪的，依法追究刑事责任：

（一）伪造检定数据的；

（二）出具错误数据，给送检一方造成损失的；

（三）违反计量检定规程进行计量检定的；

（四）使用未经考核合格的计量标准开展检定的；

（五）未取得计量检定证件执行计量检定的。

第六十条　本细则规定的行政处罚，由县级以上地方人民政府计量行政部门决定。罚款一万元以上的，应当报省级人民政府计量行政部门决定。没收违法所得及罚款一律上缴国库。

本细则第五十一条规定的行政处罚，也可以由工商行政管理部门决定。

第十一章　附　则

第六十一条　本细则下列用语的含义是：

（一）计量器具是指能用以直接或间接测出被测对象量值的装置、仪器仪表、量具和用于统一量值的标准物质，包括计量基准、计量标准、工作计量器具。

（二）计量检定是指为评定计量器具的计量性能，确定其是否合格所进行的全部工作。

（三）定型鉴定是指对计量器具新产品样机的计量性能进行全面审查、考核。

（四）计量认证是指政府计量行政部门对有关技术机构计量检定、测试的能力和可靠性进行的考核和证明。

（五）计量检定机构是指承担计量检定工作的有关技术机构。

（六）仲裁检定是指用计量基准或者社会公用计量标准所进行的以裁决为目的的计量检定、测试活动。

第六十二条　中国人民解放军和国防科技工业系统涉及本系统以外的计量工作的监督管理，亦适用本细则。

第六十三条　本细则有关的管理办法、管理范围和各种印、证、标志，由国务院计量行政部门制定。

第六十四条　本细则由国务院计量行政部门负责解释。

第六十五条　本细则自发布之日起施行。

《中华人民共和国计量法实施细则》修改

（根据2016年2月6日国务院令第666号修改）

一、删去《中华人民共和国计量法实施细则》第十六条中的“后方可申请办理营业执照”。

二、第二十九条第一款中的“县级以上人民政府计量行政部门”修改为“县级以上地方人民政府计量行政部门”。

三、删去第五十条进口计量器具未经检定的法律责任。

附录 4

计量标准考核办法

（2005 年 1 月 14 日国家质量监督检验检疫总局令第 72 号发布）

第一条　为实施计量标准考核工作，根据《中华人民共和国计量法》、《中华人民共和国计量法实施细则》的有关规定，制定本办法。

第二条　社会公用计量标准，部门和企业、事业单位的各项最高等级的计量标准，应当按照本办法进行考核。

第三条　本办法所称计量标准考核，是指国家质量监督检验检疫总局及地方各级质量技术监督部门（以下简称质量技术监督部门）对计量标准测量能力的评定和开展量值传递资格的确认。计量标准考核包括对新建计量标准的考核和对计量标准的复查考核。

第四条　国家质量监督检验检疫总局（以下简称国家质检总局）统一监督管理全国计量标准考核工作。省级质量技术监督部门负责监督管理本行政区域内计量标准考核工作。

第五条　国家质检总局组织建立的社会公用计量标准及各省级质量技术监督部门组织建立的各项最高等级的社会公用计量标准，由国家质检总局主持考核；地（市）、县级质量技术监督部门组织建立的各项最高等级的社会公用计量标准，由上一级质量技术监督部门主持考核；各级地方质量技术监督部门组织建立其他等级的社会公用计量标准，由组织建立计量标准的质量技术监督部门主持考核。

国务院有关部门和省、自治区、直辖市有关部门建立的各项最高等级的计量标准，由同级的质量技术监督部门主持考核。

国务院有关部门所属的企业、事业单位建立的各项最高等级的计量标准，由国家质检总局主持考核；省、自治区、直辖市有关部门所属的企业、事业单位建立的各项最高等级的计量标准，由当地省级质量技术监督部门主持考核；无主管部门的企业单位建立的各项最高等级的计量标准，由该企业工商注册地的质量技术监督部门主持考核。

第六条　进行计量标准考核，应当考核以下内容：

（一）计量标准器及配套设备齐全，计量标准器必须经法定或者计量授权的计量技术机构检定合格（没有计量检定规程的，应当通过校准、比对等方式，将量值溯源至国家计量基准或者社会公用计量标准），配套的计量设备经检定合格或者校准；

（二）具备开展量值传递的计量检定规程或者技术规范和完整的技术资料；

（三）具备符合计量检定规程或者技术规范并确保计量标准正常工作所需要的温度、湿度、防尘、防震、防腐蚀、抗干扰等环境条件和工作场地；

（四）具备与所开展量值传递工作相适应的技术人员，开展计量检定工作，应当配备 2 名以上获相应项目检定资质的计量检定人员，开展其他方式量值传递工作，应当配备具有相应资质的人员；

（五）具有完善的运行、维护制度，包括实验室岗位责任制度，计量标准的保存、使用、维护制度，周期检定制度，检定记录及检定证书核验制度，事故报告制度，计量标准技术档案管理制度等；

（六）计量标准的测量重复性和稳定性符合技术要求。

第七条 计量标准考核坚持逐项考评的原则。新建计量标准的考核采取现场考评的方式，并通过现场实验对测量能力进行验证；计量标准的复查考核可以采取现场考评、或者现场抽查的方式进行。

第八条 申请新建计量标准考核，申请计量标准考核的单位（以下简称申请考核单位）应当向主持考核的质量技术监督部门递交以下申请资料：

（一）计量标准考核（复查）申请书原件一式2份；

（二）计量标准技术报告1份；

（三）计量标准测量重复性考核记录复印件1份；

（四）计量标准稳定性考核记录复印件1份；

（五）计量标准器及配套的主要计量设备有效检定或者校准证书复印件1份；

（六）开展检定或者校准项目的原始记录及相应的模拟检定证书或者校准证书复印件2份；

（七）计量检定人员检定证件或者校准人员资质证明复印件1份。

第九条 申请计量标准复查考核，申请考核单位应当向主持考核的质量技术监督部门递交以下申请资料：

（一）计量标准考核（复查）申请书原件一式2份；

（二）计量标准考核证书原件；

（三）计量标准考核证书有效期内计量标准器及配套的主要计量设备的有效检定或者校准证书复印件1份；

（四）如更换计量标准器或者配套设备应附上计量标准更换申报表一式2份；

（五）随机抽取的2份该计量标准近期开展检定或者校准的原始记录以及相应的检定或者校准证书复印件；

（六）计量标准考核证书有效期内计量标准稳定性考核记录复印件1份；

（七）计量标准考核证书有效期内计量标准测量重复性考核记录复印件1份；

（八）计量检定人员检定证件或者校准人员资质证明复印件1份。

其他可以证明计量标准处于正常工作状态的技术资料。

第十条 申请考核单位，应当向主持考核的质量技术监督部门递交计量标准考核申请书和有关技术资料。主持考核的质量技术监督部门应当对申请资料的完整性进行审查，符合规定要求的，予以受理；不符合规定要求的，在5个工作日内通知申请考核单位需要补充的全部内容；经补充符合要求的，予以受理。主持考核的质量技术监督部门逾期未告知申请考核单位是否受理申请的，视为受理。

第十一条 主持考核的质量技术监督部门所辖区域内的计量技术机构具有与被考核计量标准相同或者更高等级的计量标准，并有该项目备案计量标准考评员的，应当自行组织考核；不具备上述条件的，应当呈报上一级质量技术监督部门组织考核。

主持考核的质量技术监督部门应当将考核所需时间和组织考核的质量技术监督部门通知申请考核单位。申请考核单位应当做好考核前的准备工作。

第十二条 组织考核的质量技术监督部门应当委托具有相应能力的单位（以下简称考评单

位)或者考评组承担计量标准考核的考评任务。

计量标准的考评工作由计量标准考评员执行。特殊项目,组织考核的质量技术监督部门可聘请技术专家和计量标准考评员组成考评组执行考评工作。

计量标准考评员实行备案制度。计量标准考评员分为两级,计量标准一级考评员由国家质检总局组织考核,计量标准二级考评员由省级质量技术监督部门组织考核,经考核合格的考评员,分别由国家质检总局和省级质量技术监督部门备案管理。

第十三条 考评单位和考评组应当按照计量标准考核规范的规定进行计量标准考评工作,并在规定时间内按时完成考评任务。

第十四条 考评单位及考评组完成考评任务后,应当将考评材料报送组织考核的质量技术监督部门。组织考核的质量技术监督部门审核后递交主持考核的质量技术监督部门审批。

第十五条 主持考核的质量技术监督部门应当在接到考评材料的 20 个工作日内完成审批工作,确认考核合格的,主持考核的质量技术监督部门做出考核合格的行政许可决定,并在 10 个工作日内向申请考核单位颁发计量标准考核证书;不合格的,主持考核的质量技术监督部门应当向申请考核单位发送计量标准考核结果通知书。

第十六条 计量标准考核证书的有效期为 4 年。在证书有效期内,如需要更换、封存和撤消计量标准,应当向主持考核的质量技术监督部门申报、履行有关手续。撤销计量标准的,由主持考核的质量技术监督部门收回计量标准考核证书。

第十七条 计量标准考核证书有效期届满 6 个月前,持证单位应当向主持考核的质量技术监督部门申请复查考核。经复查考核合格,准予延长有效期;不合格的,主持考核的质量技术监督部门应当向申请复查考核单位发送计量标准考核结果通知书。超过计量标准考核证书有效期的,申请考核单位应当按照新建计量标准重新申请考核。

第十八条 主持考核的质量技术监督部门应当采用量值比对、盲样检测和测量过程控制等方式,对计量标准考核证书有效期内的计量标准进行监督管理。

第十九条 上级质量技术监督部门应当对下级质量技术监督部门实施的计量标准考核工作进行监督检查,组织考核的质量技术监督部门应当对承担考评单位、考评组及计量标准考评员的考评工作实施监督,及时纠正和处理计量标准考核工作中违反规定的行为。

第二十条 申请考核单位对计量标准考核结果有异议的,应当在接到计量标准考核证书或者计量标准考核结果通知书后,依法向主持考核的质量技术监督部门或者上一级质量技术监督部门申请行政复议。

第二十一条 申请计量标准考核应当提供的技术资料、申请书及有关文件格式,计量标准考核证书和计量标准考核结果通知书式样,以及计量标准考核规范,由国家质检总局统一制定。

第二十二条 申请计量标准考核,应当按照规定缴纳费用。

第二十三条 本办法由国家质检总局负责解释。

第二十四条 本办法自 2005 年 7 月 1 日起施行。1987 年 7 月 10 日原国家计量局颁布的《计量标准考核办法》([87]量局法字第 231 号)同时废止。

附录 5

计量授权管理办法

（1989 年 11 月 6 日国家技术监督局令第 4 号发布）

第一条 根据《中华人民共和国计量法》第二十条和《中华人民共和国计量法实施细则》第三十条、第三十一条的规定，制定本办法。

第二条 计量授权是指县级以上人民政府计量行政部门，依法授权予其他部门或单位的计量检定机构或技术机构，执行计量法规定的强制检定和其他检定、测试任务。

凡申请计量授权，承担计量授权任务及办理、管理计量授权，均须遵守本办法。

第三条 县级以上人民政府计量行政部门，应根据本行政区实施计量法的需要，充分发挥社会技术力量的作用，按照统筹规划、经济合理、就地就近、方便生产、利于管理的原则，实行计量授权。

第四条 计量授权包括以下形式：

（一）授权有关部门或单位的专业性或区域性计量检定机构，作为法定计量检定机构；

（二）授权有关部门或单位建立计量基准、社会公用计量标准；

（三）授权有关部门或单位的计量检定机构，对其内部使用的强制检定计量器具执行强制检定；

（四）授权有关部门或单位的计量检定机构或技术机构，承担计量标准、计量认证、申请制造修理计量器具许可证的技术考核，仲裁检定，计量器具新产品定型鉴定、样机试验，标准物质定级鉴定，计量器具产品质量监督试验和对社会开展强制检定、非强制检定。

第五条 申请授权必须具备的条件：

（一）计量标准、检测装置和配套设施必须与申请授权项目相适应，满足授权任务的要求；

（二）工作环境能适应授权任务的需要，保证有关计量检定、测试工作的正常进行；

（三）检定、测试人员必须适应授权任务的需要，掌握有关专业知识和计量检定、测试技术，并经考核合格；

（四）具有保证计量检定、测试结果公正、准确的有关工作制度和管理制度。

第六条 申请授权应按以下规定向有关人民政府计量行政部门提出申请。

（一）申请建立计量基准、承担计量器具新产品定型鉴定的授权，向国务院计量行政部门提出申请；

（二）申请承担计量器具新产品样机试验的授权，向当地省级人民政府计量行政部门提出申请；

（三）申请对本部门内部使用的强制检定计量器具执行强制检定的授权，向同级人民政府计量行政部门提出申请；

（四）申请对本单位内部使用的强制检定的工作计量器具执行强制检定的授权，向当地县（市）级人民政府计量行政部门提出申请；

（五）申请作为法定计量检定机构、建立社会公用计量标准、承担计量器具产品质量监督试验和对社会开展强制检定、非强制检定的授权，应根据申请承担授权任务的区域，向相应的人民政府计量行政部门提出申请。

第七条 申请授权应递交计量授权申请书，并同时报送有关技术文件和资料。

第八条 有关人民政府计量行政部门在接到计量授权申请书和报送的材料之后，必须在六个月内，对提出申请的有关技术机构审查完毕并发出是否接受申请的通知。

第九条 计量授权申请被接受后，有关人民政府计量行政部门应按照以下规定和本办法第五条规定的条件进行考核。

(一)申请作为法定计量检定机构、建立本地区最高社会公用计量标准的，由受理申请的人民政府计量行政部门报请上一级人民政府计量行政部门主持考核；

(二)申请建立计量基准、非本地区最高社会公用计量标准，对内部使用的强制检定计量器具执行强制检定，承担计量器具产品质量监督试验，新产品定型鉴定、样机试验和对社会开展强制检定、非强制检定的，由受理申请的人民政府计量行政部门主持考核。

第十条 申请授权的单位，其有关计量检定、测试人员，必须经授权单位考核合格。

第十一条 对考核合格的单位，由受理申请的人民政府计量行政部门批准，颁发相应的计量授权证书和计量授权检定、测试专用章，并公布被授权单位的机构名称和所承担授权的业务范围。

第十二条 被授权单位必须按照授权范围开展工作，需新增计量授权项目，应按照本办法的有关规定，申请新增项目的授权。

违反上款规定的，责令其改正，没收违法所得；情节严重的，吊销计量授权证书。

第十二条 计量标准、计量认证、申请制造修理计量器具许可证的技术考核，标准物质定级鉴定和仲裁检定的授权，由有关人民政府计量行政部门根据相应管理办法的规定，采取指定的形式办理。

第十四条 被授权单位必须认真贯彻执行计量法律、法规。

第十五条 被授权单位的相应计量标准，必须接受计量基准或者社会公闲计垦标准的检定；开展授权的计量检定、测试工作，必须接受授权单位的监督。

第十六条 当被授权单位成为计量纠纷中当事人一方时，在双方协商不能自行解决的情况下，由县级以上有关人民政府计量行政部门进行调解或仲裁检定。

第十七条 计量授权证书应由授权单位规定有效期，最长不得超过五年。被授权单位可在有效期满前六个月提出继续承担授权任务的申请；授权单位根据需要和被授权单位的申请在有效期满前进行复查，经复查合格的，延长有效期。

第十八条 被授权单位要终止所承担的授权工作，应提前六个月向授权单位提出书面报告，未经批准不得擅自终止工作。

违反上款规定，给有关单位造成损失的，责令其赔偿损失。

第十九条 被授权单位达不到原考核条件，经限期整顿仍不能恢复的，由授权单位撤销其计量授权。

第二十条 凡政府计量行政部门所属的法定计量检定机构，在本行政区内不能开展的计量检定项目，需要办理授权的，应报请上一级人民政府计量行政部门统筹安排。

第二十一条 上级人民政府计量行政部门对下级人民政府计量行政部门的计量授权应进

行监督，对违反本办法规定的授权，应予以纠正。

第二十二条 申请计量授权的单位，应按规定缴纳技术考核、发证费。

第二十三条 与本办法有关的计量授权申请书、证书、印章的式样，由国务院计量行政部门统一规定。

第二十四条 本办法由国务院计量行政部门负责解释。

第二十五条 本办法自发布之日起施行。

附录 6

计量检定印、证管理办法

（1987 年 7 月 10 日国家计量局[87]量局法字第 231 号发布）

第一条 根据《中华人民共和国计量法实施细则》第六十三条的规定，制定本办法。

第二条 凡法定计量检定机构执行检定任务和县级以上人民政府计量行政部门授权的有关技术机构执行规定的检定任务，出具检定证或加盖检定印，均须遵守本办法。

第三条 计量检定印、证包括：

（一）检定证书；

（二）检定结果通知书；

（三）检定合格证；

（四）检定合格印：錾印、喷印、钳印、漆封印；

（五）注销印。

计量检定印、证的规格、式样，由国务院计量行政部门规定。

第四条 计量检定印、证上使用的代号，按照全国行政区划编排。

省级以上法定计量检定机构的，由国务院计量行政部门规定；省级以下法定计量检定机构的，由省级人民政府计量行政部门规定；被授权单位的，由授权单位规定。

地方人民政府计量行政部门规定的代号，由省级人民政府计量行政部门统一向国务院计量行政部门备案。

第五条 计量器具经检定合格的，由检定单位按照计量检定规程的规定，出具检定证书、检定合格证或加盖检定合格印。

第六条 计量器具经周期检定不合格的，由检定单位出具检定结果通知书，或注销原检定合格印、证。

第七条 计量器具在检定周期内抽检不合格的，应注销原检定证书或检定合格印、证。

第八条 检定证书、检定结果通知书必须字迹清楚、数据无误，有检定、核验、主管人员签字，并加盖检定单位印章。

第九条 检定合格印应清晰完整。残缺、磨损的检定合格印，应即停止使用。

第十条 计量检定印、证应有专人保管，并建立使用管理制度。

第十一条 本办法第三条规定范围的计量检定印、证，由国务院计量行政部门定点监制。定做计量检定印、证，须持县级以上人民政府计量行政部门的证明。

第十二条 对伪造、盗用、倒卖强制检定印、证的，依照《中华人民共和国计量法实施细则》的规定追究法律责任。

第十三条 本办法由国务院计量行政部门负责解释。

第十四条 本办法自发布之日起施行。

附录 7

计量检定人员管理办法

（2007 年 12 月 29 日国家质量监督检验检疫总局令第 105 号发布，
2015 年 8 月 25 日总局令第 166 号修改）

第一条 为了加强计量检定人员管理，提高计量检定人员素质，保证量值传递准确可靠，根据《中华人民共和国计量法》及其实施细则等法律、行政法规，制定本办法。

第二条 在法定计量检定机构等技术机构中从事计量检定活动的计量检定人员的管理，适用本办法。

第三条 国家质量监督检验检疫总局（以下简称国家质检总局）对全国计量检定人员实施统一监督管理。

省级及市、县级质量技术监督部门在各自职责范围内对本行政区域内计量检定人员实施监督管理。

第四条 计量检定人员从事计量检定活动，必须具备相应的条件，并经质量技术监督部门核准，取得计量检定员资格。

第五条 申请计量检定员资格应当具备以下条件：

（一）具备中专（含高中）或相当于中专（含高中）毕业以上文化程度；

（二）连续从事计量专业技术工作满 1 年，并具备 6 个月以上本项目工作经历；

（三）具备相应的计量法律法规以及计量专业知识；

（四）熟练掌握所从事项目的计量检定规程等有关知识和操作技能；

（五）经有关组织机构依照计量检定员考核规则等要求考核合格。

第六条 申请计量检定员资格应当提交以下材料：

（一）资格申请书；

（二）考核合格证明。

第七条 申请计量检定员资格的，申请计量检定员资格的，应当向所在地的省级质量技术监督部门或其规定的市（地）级质量技术监督部门提出申请。质量技术监督部门应当及时作出是否受理申请的决定；申请材料不齐全或者不符合法定形式的，应当当场或者 5 日内一次告知申请人需要补正的全部内容。

第八条 受理申请的质量技术监督部门应当自受理申请之日起 20 日内完成审查，并作出是否核准的决定。作出核准决定的，应当自作出决定之日起 10 日内向申请人颁发《计量检定员证》；作出不予核准决定的，应当书面告知申请人，并说明理由。

第九条 计量检定员从事新的检定项目，应当另行申请新增项目考核和许可。

第十条 《计量检定员证》有效期为 5 年。

有效期届满，需要继续从事计量检定活动的，应当在有效期届满 3 个月前，向有关质量技术监督部门申请延长《计量检定员证》的有效期。

因丢失、损毁或工作单位更换，需要补办或变更《计量检定员证》的，应当向有关质量技术监督部门申请办理。

第十一条 质量技术监督部门应当按照规定将申请和核准等有关资料整理归档。

前款规定的档案保存期限为自作出核准决定之日起 7 年。

第十二条 具备相应条件,并按规定要求取得省级以上质量技术监督部门颁发的《注册计量师注册证》的,可以从事计量检定活动。

注册计量师注册管理,依照注册计量师制度等有关规定执行。

第十三条 任何单位和个人不得伪造、冒用《计量检定员证》或者《注册计量师注册证》。

第十四条 计量检定人员享有下列权利:

(一)在职责范围内依法从事计量检定活动;

(二)依法使用计量检定设施,并获得相关技术文件;

(三)参加本专业继续教育。

第十五条 计量检定人员应当履行下列义务:

(一)依照有关规定和计量检定规程开展计量检定活动,恪守职业道德;

(二)保证计量检定数据和有关技术资料的真实完整;

(三)正确保存、维护、使用计量基准和计量标准,使其保持良好的技术状况;

(四)承担质量技术监督部门委托的与计量检定有关的任务;

(五)保守在计量检定活动中所知悉的商业秘密和技术秘密。

第十六条 计量检定人员不得有下列行为:

(一)伪造、篡改数据、报告、证书或技术档案等资料;

(二)违反计量检定规程开展计量检定;

(三)使用未经考核合格的计量标准开展计量检定;

(四)变造、倒卖、出租、出借或者以其他方式非法转让《计量检定员证》或《注册计量师注册证》。

第十七条 各级质量技术监督部门应当加强对计量检定人员的监督管理,建立计量检定人员管理档案,并将计量检定人员有关情况逐级上报国家质检总局备案。

第十八条 计量检定人员出具的计量检定数据,用于量值传递、裁决计量纠纷和实施计量监督等,具有法律效力。

第十九条 任何单位和个人不得要求计量检定人员违反计量检定规程或者使用未经考核合格的计量标准开展计量检定;不得以暴力或者威胁的方法阻碍计量检定人员依法执行任务。

第二十条 未取得计量检定人员资格,擅自在法定计量检定机构等技术机构中从事计量检定活动的,由县级以上地方质量技术监督部门予以警告,并处 1 千元以下罚款。

第二十一条 违反本办法第十三条规定,构成有关法律法规规定的违法行为的,依照有关法律法规规定追究相应责任;未构成有关法律法规规定的违法行为的,由县级以上地方质量技术监督部门予以警告,并处 1 万元以下罚款。

第二十二条 违反本办法第十六条规定,构成有关法律法规规定的违法行为的,依照有关法律法规规定追究相应责任;未构成有关法律法规规定的违法行为的,由县级以上地方质量技术监督部门予以警告,并处 1 千元以下罚款。

第二十三条 本办法所称法定计量检定机构等技术机构,是指法定计量检定机构和质量技术监督部门依法授权的其他技术机构。

本办法所称计量检定活动，是指法律规定的或者质量技术监督部门授权的强制检定和其他检定活动。

第二十四条 计量检定员资格申请书、考核合格证明和《计量检定员证》的式样以及计量检定员考核规则，由国家质检总局统一制定。

第二十五条 本办法由国家质检总局负责解释。

第二十六条 本办法自 2008 年 5 月 1 日起施行。1987 年 7 月 10 日原国家计量局公布的《计量检定人员管理办法》同时废止。

附录 7.1

注册计量师制度暂行规定

（2006 年 4 月 26 日人事部、国家质量监督
检验检疫总局国人部发[2006]40 号发布）

第一章 总 则

第一条 为加强计量专业技术人员管理，提高计量专业技术人员素质，保障国家量值传递的准确可靠，根据《中华人民共和国计量法》和国家职业资格证书制度有关规定，制定本规定。

第二条 本规定适用于依据计量法律、法规有关规定，从事计量检定、校准、检验、测试等计量技术工作（以下简称“计量技术工作”）的专业技术人员。

第三条 国家对从事计量技术工作的专业技术人员，实行职业准入制度，纳入全国专业技术人员职业资格证书制度统一规划。

第四条 本规定所称注册计量师，是指经考试取得相应级别注册计量师资格证书，并依法注册后，从事规定范围计量技术工作的专业技术人员。

第五条 注册计量师分一级注册计量师和二级注册计量师。

英文分别译为：Level 1 Certified Metrology Engineer
Level 2 Certified Metrology Engineer

第六条 人事部、国家质量监督检验检疫总局（以下简称质检总局）共同负责注册计量师制度工作，并按职责分工对该制度的实施进行指导、监督和检查。

各省、自治区、直辖市人事行政部门、质量技术监督部门，按照职责分工负责本行政区域内注册计量师制度的实施与监督管理。

第二章 考 试

第七条 注册计量师资格实行全国统一大纲、统一命题的考试制度，原则上每年举行一次。

第八条 质检总局负责拟定注册计量师资格考试科目、考试大纲、考试试题，研究建立考试试题库，提出考试合格标准的建议。

第九条 人事部组织专家审定注册计量师资格考试科目、考试大纲和考试试题，会同质检总局对考试进行检查、监督、指导和确定合格标准。

第十条 凡中华人民共和国公民，遵守国家法律、法规，恪守职业道德，并符合注册计量师资格考试相应报名条件的人员，均可申请参加相应级别注册计量师的考试。

第十一条 一级注册计量师资格考试报名条件：

（一）取得理学类或工学类专业大学专科学历，工作满 6 年，其中从事计量技术工作满 4 年；

（二）取得理学类或工学类专业大学本科学历，工作满 4 年，其中从事计量技术工作满 3 年；

（三）取得理学类或工学类专业双学士学位或研究生班毕业，工作满 3 年，其中从事计量技术工作满 2 年；

（四）取得理学类或工学类专业硕士学位，工作满 2 年，其中从事计量技术工作满 1 年；

（五）取得理学类或工学类专业博士学位，从事计量技术工作满 1 年；

（六）取得其他类专业相应学历、学位的人员，其工作年限和从事计量技术工作年限相应增加 2 年。

第十二条　二级注册计量师资格考试报名条件：

（一）取得工学类中专学历后，从事计量技术工作满 2 年；

（二）取得理学类或工学类专业大学专科及以上学历或学位，从事计量技术工作满 1 年。

第十三条　一级注册计量师资格考试合格，颁发人事部统一印制，人事部、质检总局共同用印的《中华人民共和国一级注册计量师资格证书》，该证书在全国范围内有效。

二级注册计量师资格考试合格，由相应省、自治区、直辖市人事行政部门颁发人事行政部门和质量技术监督部门共同用印的《中华人民共和国二级注册计量师资格证书》。

第十四条　以不正当手段取得注册计量师资格证书的，由发证机关收回。自收回注册计量师资格证书之日起，当事人 3 年内不得再次参加注册计量师资格考试。

第三章　注　册

第十五条　国家对注册计量师资格实行注册执业管理，取得注册计量师资格证书的人员，经过注册后方可以相应级别注册计量师名义执业。

第十六条　质检总局为一级注册计量师资格的注册审批机关。各省、自治区、直辖市质量技术监督部门（以下简称“省级质量技术监督部门”）为二级注册计量师资格的注册审批机关，并负责一级注册计量师资格的注册审查工作。

第十七条　取得注册计量师资格证书并申请注册的人员，应当受聘于一个经批准或授权的计量技术机构，并通过聘用单位报本单位所在地（聘用单位属企业的通过本单位工商注册所在地）的质量技术监督部门，向省级质量技术监督部门提出注册申请。

第十八条　省级质量技术监督部门收到注册计量师资格注册的申请材料后，对申请材料不齐全或者不符合法定形式的，应当当场或在 5 个工作日内，一次告知申请人需要补正的全部内容。逾期不告知的，自收到申请材料之日起即为受理。

对受理或者不予受理的注册申请，均应当出具加盖省级质量技术监督部门注册专用印章和注明日期的书面凭证。

第十九条　省级质量技术监督部门自受理之日起 20 个工作日内，按规定条件、程序完成一级注册计量师资格申报材料的审查和二级注册计量师资格注册的审批工作。并在规定的时限内，将一级注册计量师资格注册申报材料和审查意见报注册审批机关审批。

各级注册审批机关自受理相应级别申报人员材料之日起 20 个工作日内作出是否批准的决定。对作出不予批准决定的，应当书面说明理由，并告知申请人享有依法申请行政复议或提起行政诉讼的权利。在规定的期限内不能作出批准决定的，应当将延长期限的理由告知申请人。

各级注册审批机关应当自作出相关批准决定之日起 10 个工作日内，将批准决定送达经批准注册的申请人，并核发相应级别《中华人民共和国注册计量师注册证》（以下简称《注册证》）。

第二十条　《注册证》每一注册有效期为 3 年。《注册证》在有效期限内是注册计量师的执业凭证，由注册计量师本人保管和使用。

第二十一条 初始注册者，可自取得注册计量师资格证书之日起1年内提出注册申请。逾期未申请者，在申请初始注册时，须符合本规定继续教育要求。

初始注册需要提交下列材料：

（一）相应级别注册计量师注册申请表；

（二）相应级别注册计量师资格证书；

（三）申请人与聘用单位签订的劳动或聘用合同；

（四）逾期申请注册人员的继续教育证明材料；

（五）计量专业项目考核合格证明或《中华人民共和国计量法》规定的《计量检定员证》；

（六）相应注册审批机构规定的其他条件。

第二十二条 注册有效期届满需继续执业的，应当在届满前30个工作日内，按照本规定第十七条规定的程序申请延续注册。注册审批机构应当根据申请人的申请，在规定的时限内作出是否准予延续注册的决定；逾期未作出决定的，视为准予延续。

延续注册需要提交下列材料：

（一）相应级别注册计量师延续注册的申请表；

（二）相应级别注册计量师资格证书；

（三）与聘用单位签订的劳动或聘用合同；

（四）按规定完成继续教育的证明和聘用单位考核合格证明；

（五）相应注册审批机构规定的其他条件。

第二十三条 在注册有效期内，注册计量师变更专业类别或执业单位的，应当按本规定第十七条规定的程序办理变更注册手续。变更注册后，其注册证件在原注册有效期内继续有效。

变更注册需要提交下列相应材料：

（一）相应级别注册计量师变更注册的申请表；

（二）与变更后的专业类别一致的计量专业项目考核合格证明；

（三）聘用单位同意变更专业的证明；

（四）与新聘用单位签订的劳动或聘用合同；

（五）工作调动证明、与原聘用单位解除劳动或聘用关系证明。

第二十四条 注册计量师因丧失行为能力、死亡或被宣告失踪的，其《注册证》失效。

第二十五条 注册计量师有下列情形之一的，应当由注册计量师本人或聘用单位及时向当地省级质量技术监督部门提出申请，由相应注册审批机关审核批准后，办理注销手续，收回《注册证》：

（一）不具有完全民事行为能力的；

（二）申请注销注册的；

（三）注册有效期满且未延续注册的；

（四）被依法撤销注册的；

（五）受到刑事处罚的；

（六）与聘用单位解除劳动或聘用关系的；

（七）聘用单位被依法取消计量技术工作资质的；

（八）因本人过失造成利害关系人重大经济损失的；

（九）应当注销注册的其他情形。

第二十六条　有下列情形之一的，不予注册：

（一）不具有完全民事行为能力的；

（二）刑事处罚尚未执行完毕的；

（三）因在计量技术工作中受到刑事处罚的，自刑事处罚执行完毕之日起至申请注册之日止不满2年的；

（四）法律、法规规定不予注册的其他情形。

第二十七条　注册申请人以不正当手段取得注册的，应当予以撤消，并由注册审批机关依法给予行政处罚；当事人在3年内不得再次申请注册；构成犯罪的，依法追究刑事责任。

第二十八条　对被注销注册或不予注册的人员，重新具备初始注册条件，并符合本规定继续教育要求的，可按本规定第十七条规定的程序申请注册。

第二十九条　注册审批机关应当定期向社会公布相应级别注册计量师注册有关情况。当事人对注销注册或不予注册有异议的，可依法申请行政复议或提起行政诉讼。

第三十条　继续教育是注册计量师延续、重新申请注册和逾期初始注册的必备条件。在每个注册期内，注册计量师应当按规定完成本专业的继续教育。

第四章　执　业

第三十一条　注册计量师依据国家计量法律、法规的规定，开展相应专业的执业活动。

第三十二条　各级注册计量师只能在聘用单位计量技术工作资质规定的业务范围和本人注册的专业范围内，履行相应岗位职责。

第三十三条　一级注册计量师执业范围：进行计量基准、计量标准器具的校准，以及其他计量技术工作，出具计量技术报告；指导、检查同一专业项目二级注册计量师开展工作。

二级注册计量师执业范围：除计量基准、计量标准器具校准之外的其他计量技术工作，出具相应计量技术报告。

第三十四条　一级注册计量师应当具备下列执业能力：

（一）熟悉国家计量法律、法规、规章及相关法律规定，有较丰富的计量技术工作经验；

（二）了解国际相关标准或技术规范，掌握计量技术发展前沿情况，具有独立解决本专业复杂、疑难技术问题的能力；

（三）熟练运用本专业计量技术法规，使用相关计量基准、计量标准，完成量值传递等技术工作，正确进行测量不确定度分析与评定，出具的计量技术报告准确无误；

（四）具有较强的本专业计量技术课题研究能力，能够应用新技术成果，指导本专业二级注册计量师工作。

第三十五条　二级注册计量师应当具备下列执业能力：

（一）熟悉国家计量法律、法规、规章及相关法律规定，有一定的计量技术工作经验；

（二）熟练运用本专业计量技术法规和使用相关计量基准、计量标准，较好地完成本专业量值传递（计量基准、计量标准器具校准除外）等技术工作；

（三）能正确出具本专业计量技术报告（计量基准、计量标准器具校准除外）。

第三十六条　在计量技术工作中形成的计量技术报告，应当由相应级别注册计量师签字盖章后方可生效，并承担相关法律责任。

第三十七条 因注册计量师出具的计量技术报告不符合国家有关法律、法规、规章和技术规范造成经济损失的，由聘用单位承担赔偿责任。聘用单位可向承担相应责任的注册计量师追偿。

第五章 权利和义务

第三十八条 注册计量师享有下列权利：

（一）使用本专业相应级别注册计量师称谓；

（二）依据国家计量技术法律、法规和规章，在规定范围内从事计量技术工作，履行相应岗位职责；

（三）接受继续教育；

（四）获得与执业责任相应的劳动报酬；

（五）对不符合规定的计量技术行为提出异议，并向上级部门或注册审批机构报告；

（六）对侵犯本人权利的行为进行申诉。

第三十九条 注册计量师应当履行下列义务：

（一）遵守法律、法规和有关管理规定，恪守职业道德；

（二）执行计量法律、法规、规章及有关技术规范；

（三）保证计量技术工作的真实、可靠，以及原始数据和有关资料的准确、完整，并承担相应责任；

（四）在本人完成的计量技术工作相关文件上签字。

（五）不得准许他人以本人名义执业；

（六）严格保守在计量技术工作中知悉的国家秘密和他人的商业、技术秘密；

（七）接受继续教育，提高计量技术工作水准。

第六章 附 则

第四十条 在本规定施行之日前，对长期在计量技术机构中从事计量技术工作，按国家有关规定评聘工程类或研究类相应级别专业技术职务，并符合考核认定条件的人员，可通过考核认定办法取得注册计量师资格证书。考核认定具体办法由人事部、质检总局另行制定。

第四十一条 符合考试报名条件的香港和澳门居民，可申请参加注册计量师资格考试。申请人在报名时应当提交本人身份证明、国务院教育行政部门认可的相应专业学历或学位证书、从事计量专业技术工作经历证明。台湾地区专业技术人员参加考试办法另行规定。

外籍专业人员申请参加注册计量师资格考试、申请注册和执业等管理办法另行制定。

第四十二条 取得注册计量师资格证书，并符合《工程技术人员职务试行条例》中工程师、助理工程师、工程技术员专业技术职务任职条件的人员，用人单位可根据工作需要择优聘任相应专业技术职务。其中，取得一级注册计量师资格证书，可聘任工程师职务；取得二级注册计量师资格证书，可聘任助理工程师职务或工程技术员职务。

第四十三条 注册计量师执业的具体范围、专业划分、需注册计量师签字盖章的文件种类、继续教育内容、计量技术机构配备各级别注册计量师数量和注册执业等具体办法，由质检总局另行制定。

二级注册计量师资格注册执业，由各省、自治区、直辖市质量技术监督部门根据本规定要求，制定具体办法，组织实施，并将注册管理有关情况报质检总局备案。

第四十四条　在实施注册计量师制度过程中，相关行政部门或相关机构，因工作失误，使专业技术人员合法权益受到损害的，应当依据《中华人民共和国国家赔偿法》给予相应赔偿，并可向有关责任人追偿。

第四十五条　相关行政部门或相关机构的工作人员，有不履行工作职责，监督不力，或者谋取私利等违纪违规行为，并造成不良影响或严重后果的，由其上级相关行政部门责令改正，对直接负责的主管人员和其他直接责任人员依法给予行政处分；构成犯罪的，依法追究刑事责任。

第四十六条　本规定自 2006 年 6 月 1 日起施行。

附录 7.2

注册计量师注册管理暂行规定

（2013 年 5 月 6 日国家质量监督检验检疫总局公告 2013 年第 64 号发布）

第一章 总 则

第一条 为加强注册计量师的注册管理，根据《中华人民共和国计量法》、《计量检定人员管理办法》、《注册计量师制度暂行规定》的有关规定，制定本规定。

第二条 本规定适用于注册计量师注册工作的组织实施和监督管理。

第三条 国家质量监督检验检疫总局（以下简称质检总局）负责全国注册计量师注册的监督管理工作，各省、自治区、直辖市质量技术监督部门（以下简称省级质量技术监督部门）负责本行政区域内注册计量师注册的监督管理工作。

质检总局为一级注册计量师资格的注册审批机关，并负责全国注册计量师计量专业项目考核的管理工作。省级质量技术监督部门为二级注册计量师资格的注册审批机关，并负责本行政区域内一级注册计量师的注册审查上报工作以及注册计量师计量专业项目考核的管理工作。

第二章 注册条件

第四条 注册包括初始注册、延续注册和变更注册。

第五条 取得相应级别注册计量师资格证书的人员，申请初始注册须具备下列条件：

（一）取得所申请注册执业的计量专业项目考核合格证明或《中华人民共和国计量法》规定的《计量检定员证》；

（二）受聘于一个经批准或授权的计量技术机构（含企、事业单位设置的计量技术机构）。

第六条 申请延续注册的人员须具备下列条件：

（一）完成规定的继续教育内容；

（二）经聘用单位考核合格。

第七条 在注册计量师的《中华人民共和国注册计量师注册证》（以下简称《注册证》）注册有效期内，申请变更注册的人员须具备下列条件之一：

（一）申请变更执业单位的，应当与原注册执业单位解除聘用关系，并被新的执业单位正式聘用。

（二）申请变更专业项目类别的，应当提供相应计量专业项目考核合格证明及聘用单位同意证明。

第八条 相应级别的注册计量师资格证书需按照规定通过资格考试或考核认定取得。

第九条 《计量检定员证》需按照相关法律法规和规章的规定程序取得。

第十条 计量专业项目考核合格证明需取得注册计量师资格证书后，按照规定通过计量专业项目考核取得。

第十一条 省级质量技术监督部门指定本行政区域内具有相应能力的计量组织（机构）组

织计量专业项目考核。指定的本行政区域内计量组织(机构)不具备相应能力,可以由质检总局或其他省级质量技术监督部门指定的计量组织(机构)组织考核。

质检总局可根据需要指定具有相应能力的计量组织(机构)组织计量专业项目考核。

第十二条 质检总局和省级质量技术监督部门对其指定的计量组织(机构)进行监督管理。

第十三条 负责组织计量专业项目考核工作的单位(以下简称组织考核单位),应当建立相关管理制度,制定考核工作程序,并根据计量专业项目考核的需求,按计划分批组织考核。

第十四条 申请计量专业项目考核的人员,应当通过聘用单位向组织考核单位提出申请。

第十五条 申请计量专业项目考核需要提交的材料:

(一)注册计量师计量专业项目考核申请表;

(二)注册计量师资格证书及复印件。

第十六条 申请考核的计量专业项目类别由质检总局发布的《国家计量专业项目分类表》确定。

第十七条 计量专业项目考核包括计量专业项目操作技能考核及计量专业项目知识考核。计量专业项目操作技能包括相应计量器具检定(校准)全过程的实际操作、计量检定(校准)结果的数据处理和计量检定(校准)证书的出具等;计量专业项目知识包括计量专业基础知识、相应计量专业项目的计量技术法规、相应计量标准的工作原理以及使用维护知识等。

计量专业项目操作技能考核和计量专业项目知识考核分别按百分制评分,其中计量专业项目操作技能考核70分为及格,计量专业项目知识考核60分为及格。

第十八条 计量专业项目操作技能考核应当在满足相应计量技术法规要求的条件下进行。每个计量专业项目考核需聘请2名从事本计量专业项目5年以上且取得工程师以上职称的专家作为主考人,其中至少1名为本计量专业项目的计量标准考评员。没有本计量专业项目的计量标准考评员时,可以聘请相近计量专业项目的计量标准考评员作为主考人。

第十九条 组织考核单位对计量专业项目操作技能考核和计量专业项目知识考核均合格的申请人签发计量专业项目考核合格证明,并对申请人的考核成绩进行备案,保留申请材料及考核档案2年。

计量专业项目考核合格证明有效期为2年。

第三章 注册程序

第二十条 初始注册的申请、受理和批准程序:

(一)初始注册者,可自取得注册计量师资格证书之日起1年内,通过聘用单位报本单位所在地(聘用单位属企业的通过本单位工商注册所在地)的质量技术监督部门,向省级质量技术监督部门提出注册申请。逾期未申请者,在申请初始注册时,须符合有关继续教育要求。

(二)初始注册需要提交下列材料:

1.注册计量师注册申请审批表;

2.注册计量师资格证书及复印件;

3.计量专业项目考核合格证明或《中华人民共和国计量法》规定的《计量检定员证》及复印件;

4.逾期申请注册人员的继续教育证明材料;

5.申请人与聘用单位签订的劳动或聘用合同及复印件；

6.居民身份证及复印件。

(三)省级质量技术监督部门收到注册申请材料后，对申请材料不齐全或者不符合法定形式的，应当场或在5个工作日内，一次告知申请人或代理人需要补正的全部内容。逾期不告知的，自收到申请材料之日起即为受理。对受理或不予受理的注册申请，均应出具加盖省级质量技术监督部门注册专用印章和注明日期的书面凭证。

(四)省级质量技术监督部门自受理之日起20个工作日内，按规定条件、程序完成一级注册计量师资格申报材料的审查和二级注册计量师资格注册的审批工作，并在规定的时限内，将一级注册计量师资格注册申报材料和审查意见报注册审批机关审批。

(五)各级注册审批机关自受理相应级别申报人员材料之日起20个工作日内作出是否批准的决定。对作出不予批准决定的，应当书面说明理由。在规定的期限内不能作出批准决定的，应当将延长期限的理由告知申请人。对作出批准决定的，自决定之日起10个工作日内，将批准决定送达经批准注册的申请人。核发《注册证》。《注册证》每一注册有效期为3年。

第二十一条 延续注册的申请、受理和批准程序：

(一)注册计量师注册有效期届满需继续执业的，应当在届满30个工作日前，通过聘用单位报本单位所在地质量技术监督部门，向省级质量技术监督部门提出延续注册申请。

(二)延续注册除需要提交初始注册规定的1、2、5、6条材料外，还需提供按规定完成的继续教育证明、聘用单位考核合格证明及《注册证》。

(三)延续注册的受理和批准程序同初始注册。

第二十二条 变更注册的申请、受理和批准程序：

(一)变更注册包括变更计量专业项目类别(新增和注销专业项目)和变更执业单位(变更执业单位和执业单位更换名称)。在注册有效期内申请变更注册的，应当通过聘用单位报本单位所在地质量技术监督部门，向省级质量技术监督部门提出变更注册申请。

(二)变更注册需要提交下列材料：

1.注册计量师变更注册申请审批表；

2.《注册证》；

3.申请新增计量专业项目类别的，提交相应的计量专业项目考核合格证明和聘用单位同意新增计量专业项目的证明。

4.申请变更执业单位的，提交与新聘用单位签订的劳动或聘用合同及复印件、工作调动证明、与原聘用单位解除劳动或聘用关系证明；工作单位更换名称的，提交工作单位出具的证明。

(三)变更注册的受理和批准程序同初始注册。

第四章 监督管理

第二十三条 申请注册人员有下列情形之一的，不予注册：

(一)不具备完全民事行为能力的；

(二)刑事处罚尚未执行完毕的；

(三)因在计量技术工作中受到刑事处罚的，自刑事处罚执行完毕之日起至申请注册之日止不满2年的；

（四）法律、法规规定不予注册的其他情形。

第二十四条 注册计量师有下列情形之一的，应予注销注册：

（一）不具有完全民事行为能力的；

（二）申请注销注册的；

（三）注册有效期满且未延续注册的；

（四）被依法撤销注册的；

（五）受到刑事处罚的；

（六）与聘用单位解除劳动或聘用关系的；

（七）聘用单位被依法取消计量技术工作资质的；

（八）因本人过失造成利害关系人重大经济损失的；

（九）应当注销注册的其他情形。

注销注册应当由注册计量师本人或聘用单位及时向当地省级质量技术监督部门提出申请，由相应注册审批机关审核批准后，办理注销手续，收回《注册证》。

注册计量师因丧失行为能力、死亡或被宣告失踪的，其《注册证》失效。

第二十五条 注册申请人以不正当手段取得注册的，应当予以撤销，并由注册审批机关依法给予行政处罚；当事人在3年内不得再次申请注册；构成犯罪的，依法追究刑事责任。

第二十六条 对被注销注册或不予注册的人员，重新具备初始注册条件，并符合继续教育要求的，可再次申请注册。

第二十七条 注册审批机关应当定期向社会公布相应级别注册计量师注册、注销和《注册证》失效人员名单。当事人对注销注册或不予注册有异议的，可依法申请行政复议或提起行政诉讼。

第二十八条 计量专业项目主考人员弄虚作假、玩忽职守的，取消其承担相应考核任务的资格。

第二十九条 相关行政部门或相关机构的工作人员，在注册工作中违反有关规定，并造成不良影响或严重后果的，由其上级相关行政部门责令改正，对直接负责的主管人员和其他直接责任人员依法给予相应行政处分。

第五章　附则

第三十条 申请人因客观条件限制，仅申请考核计量专业项目或子项目中部分内容时，需经组织考核单位同意。考核完成后，组织考核单位应在计量专业项目考核合格证明上注明考核通过的具体内容。

第三十一条 对于持有《中华人民共和国计量法》规定的《计量检定员证》的人员，申请注册时，应当按照《国家计量专业项目分类表》的项目分类提出注册申请，并根据本人持有的《计量检定员证》注明已掌握的具体内容。

第三十二条 申请人所在地质量技术监督部门负责对本规定要求提交的材料原件、复印件及相关信息进行审验，确定其有效性。

第三十三条 二级注册计量师资格注册管理，可由省级质量技术监督部门按照《注册计量师制度暂行规定》和本规定要求，制定具体办法，组织实施，并将注册管理有关情况报质检总局备案。

第三十四条　《中华人民共和国注册计量师注册证》格式式样及本规定所涉及的其他有关格式式样，由质检总局统一规定。

《国家计量专业项目分类表》由质检总局发布并根据需要更新。

第三十五条　本规定自发布之日起30日后施行。

附件：1.《中华人民共和国注册计量师注册证》格式式样（略）

　　2.《国家计量专业项目分类表（2013版）》（略）

附录 7.3

质检总局办公厅
关于做好取消计量检定员资格许可后续工作的通知

(质检办量函[2016]1183 号)

各省、自治区、直辖市及新疆生产建设兵团质量技术监督局(市场监督管理部门),中国计量科学研究院,中国测试技术研究院,各国家专业计量站,各有关单位:

为贯彻落实《国务院关于取消一批职业资格许可和认定事项的决定》(国发〔2016〕35 号)的要求,切实做好取消计量检定员资格许可与注册计量师合并实施的后续管理和衔接工作,现将有关事宜通知如下:

一、高度重视,确保改革落实到位

“取消计量检定员资格许可,与注册计量师合并实施”是国务院深化行政审批制度改革的重要决定。各级质量技术监督部门务必高度重视,提高认识,认真贯彻落实国务院决定,切实做好宣传、解释和后续监管等工作,确保取消计量检定员资格许可,确保与注册计量师合并实施工作顺利进行。质检总局将与有关部门共同研究修订注册计量师制度,加快将计量检定员资格并入注册计量师制度,这将需要一个过渡期。在过渡期期间,各级质量技术监督部门要加强对原有计量检定员档案、注册计量师资格以及项目注册管理,为合并实施工作奠定基础。

二、平稳过渡,确保工作有效衔接

过渡期期间,为保障国家量值传递与溯源计量公共服务体系安全和全国量值传递工作正常运行,制定如下措施:

(一)由各级质量技术监督部门颁发的原《计量检定员证》仍然有效。

(二)各级质量技术监督部门依法设置的计量检定机构和授权的计量技术机构,如需新增计量检定人员,或原有计量检定人员增加新项目,应向当地省级质量技术监督部门或其规定的市(地)级质量技术监督部门申请计量专业项目考核。经考核合格取得“计量专业项目考核合格证明”的人员,可开展相应项目的计量检定、测试等工作。

(三)企业、事业单位依法申请计量标准考核或制造计量器具许可,无需提供计量检定人员证件。

三、加强监管,确保国家量值传递与溯源体系安全

各级质量技术监督部门要按照《计量检定人员管理办法》的规定,进一步加强对各级质量技术监督部门依法设置的计量检定机构以及授权的计量技术机构计量检定人员的监管,切实保障国家量值传递与溯源计量公共服务体系安全和所提供的计量数据准确、可靠。

各单位在本次取消计量检定员资格许可工作过程中，如遇到新情况、新问题，要及时向上级直至总局计量司反映。总局将按照国家深化行政审批制度改革的要求，适时对本项工作的落实情况进行监督检查。

质检总局办公厅

2016 年 9 月 18 日

附录 8

计量标准考核行政许可用表参考格式

附录 8.1

《行政许可受理决定书》参考格式

×××局
行政许可受理决定书

(　　)计量受字[　　]第　　号

________________：

你单位申请的________项目计量标准考核(复查)，经审查，符合《中华人民共国行政许可法》第三十二条第一款第五项和计量标准考核的有关规定，决定予以受理，并列入________年________月计量标准考核计划。计量标准的考评工作委托________承担，考核计划号________。

请你单位及时与考评单位或考评组联系，并做好计量标准考评前的准备工作。

考评单位或者考评组联系人________联系电话________本次考核所需费用：

1)新建计量标准考核费每项________元，小计________元；

2)计量标准复查考核费每项________元，小计________元；

3)其他费用________元。

现场考评差旅费、食宿费由你单位承担。

你单位应交纳考核费用，共计________元。

如需咨询，请与________联系，联系电话________。

附件：计量标准考核计划

×××局(章)

年　月　日

附件

计量标准考核计划

序号	考核计划号	计量标准名称	考评单位

附录 8.2

《行政许可申请材料补正告知书》参考格式

×××局
行政许可申请材料补正告知书

（　　）计量补字[　　]第　　号

____________________：

你单位申请________项目的计量标准考核（复查），所提供的材料不齐全，根据《中华人民共和国行政许可法》第三十二条第三、四项和计量标准考核工作的有关规定，请补正以下（画勾）内容：

1)《计量标准考核（复查）申请书》原件一式两份和电子版一份；

2)《计量标准考核证书》原件一份；

3)《计量标准技术报告》原件一份；

4)《计量标准考核证书》有效期内计量标准器及主要配套设备的连续、有效的检定或校准证书复印件一套；

5)随机抽取该计量标准开展检定或校准工作的原始记录及相应的检定或校准证书复印件两套；

6)《计量标准考核证书》有效期内连续的《检定或校准结果的重复性试验记录》复印件一套；

7)《计量标准考核证书》有效期内连续的《计量标准稳定性考核记录》复印件一套；

8)检定或校准人员资格证明复印件一套；

9)计量标准更换申报表（如果适用）复印件一份；

10)计量标准封存（或撤销）申报表（如果适用）复印件一套；

11)可以证明计量标准具有相应测量能力的其他技术资料。

如需咨询，请与________联系，联系电话________。

×××局（章）

年　月　日

附录 8.3

《行政许可申请不予受理决定书》参考格式

×××局
行政许可申请不予受理决定书

(　　)计量未受字[　　]第　　号

____________________:

你单位申请________项目的计量标准考核(复查),经审查,

1)不需要取得行政许可。

2)不属于本机关职权范围。

根据《中华人民共和国行政许可法》第三十二条第一款和第二款的规定,决定不予以受理。

×××局(章)

年　月　日

附录 8.4

《准予行政许可决定书》参考格式

×××局
准予行政许可决定书

(　　)计量准字[　　]第　　号

____________________:

你单位申请________项目的计量标准考核(复查),经过考核合格,根据《中华人民共国行政许可法》第三十八条第一款之规定,决定准予行政许可,并发给《计量标准考核证书》。

×××局(章)

年　月　日

附录 8.5

《不予行政许可决定书》参考格式

×××局
不予行政许可决定书

(　　)计量未许字[　　]第　　号

____________________：

你单位申请________项目的计量标准考核(复查),经审查,不符合计量标准考核要求,决定不予行政许可。

理由:1)

2)

3)

4)

如对该行政许可决定有异议,可在收到本决定书之日起 60 日内,依法向×××局申请行政复议。

×××局(章)

年　月　日

附录 9

JJF 1033—2016《计量标准考核规范》附录

附录 A

《计量标准考核(复查)申请书》格式

计量标准考核(复查)申请书

[　　] 量标　　　　证字第　　　　号

计量标准名称________________________________

计量标准代码________________________________

建标单位名称________________________________

组织机构代码________________________________

单 位 地 址________________________________

邮 政 编 码________________________________

计量标准负责人及电话________________________

计量标准管理部门联系人及电话________________

年　　月　　日

说　明

1. 申请新建计量标准考核，建标单位应当提供以下资料：

1)《计量标准考核(复查)申请书》原件一式两份和电子版一份；

2)《计量标准技术报告》原件一份；

3)计量标准器及主要配套设备有效的检定或校准证书复印件一套；

4)开展检定或校准项目的原始记录及相应的模拟检定或校准证书复印件两套；

5)检定或校准人员能力证明复印件一套；

6)可以证明计量标准具有相应测量能力的其他技术资料(如果适用)复印件一套。

2. 申请计量标准复查考核，建标单位应当提供以下资料：

1)《计量标准考核(复查)申请书》原件一式两份和电子版一份；

2)《计量标准考核证书》原件一份；

3)《计量标准技术报告》原件一份；

4)《计量标准考核证书》有效期内计量标准器及主要配套设备连续、有效的检定或校准证书复印件一套；

5)随机抽取该计量标准近期开展检定或校准工作的原始记录及相应的检定或校准证书复印件两套；

6)《计量标准考核证书》有效期内连续的《检定或校准结果的重复性试验记录》复印件一套；

7)《计量标准考核证书》有效期内连续的《计量标准的稳定性考核记录》复印件一套；

8)检定或校准人员能力证明复印件一套；

9)计量标准更换申报表(如果适用)复印件一份；

10)计量标准封存(或撤销)申报表(如果适用)复印件一份；

11)可以证明计量标准具有相应测量能力的其他技术资料(如果适用)复印件一套。

3.《计量标准考核(复查)申请书》采用计算机打印，并使用 A4 纸。

注：新建计量标准申请考核时不必填写“计量标准考核证书号”。

<table>
<tr><td colspan="2">计量标准
名称</td><td colspan="4"></td><td colspan="2">计量标准
考核证书号</td><td colspan="2"></td></tr>
<tr><td colspan="2">保存地点</td><td colspan="4"></td><td colspan="2">计量标准
原值(万元)</td><td colspan="2"></td></tr>
<tr><td colspan="2">计量标准
类别</td><td colspan="3">□ 社会公用
□ 计量授权</td><td colspan="3">□ 部门最高
□ 计量授权</td><td colspan="2">□ 企事业最高
□ 计量授权</td></tr>
<tr><td colspan="2">测量范围</td><td colspan="8"></td></tr>
<tr><td colspan="2">不确定度或
准确度等级或
最大允许误差</td><td colspan="8"></td></tr>
<tr><td rowspan="2">计
量
标
准
器</td><td>名称</td><td>型号</td><td>测量范围</td><td>不确定度
或准确度等级
或最大允许误差</td><td>制造厂及
出厂编号</td><td>检定周
期或复
校间隔</td><td>末次检
定或校
准日期</td><td colspan="2">检定或校
准机构及
证书号</td></tr>
<tr><td></td><td></td><td></td><td></td><td></td><td></td><td></td><td colspan="2"></td></tr>
<tr><td>主
要
配
套
设
备</td><td></td><td></td><td></td><td></td><td></td><td></td><td></td><td colspan="2"></td></tr>
</table>

环境条件及设施	序号	项目	要求	实际情况	结论
	1	温度			
	2	湿度			
	3				
	4				
	5				
	6				
	7				
	8				

检定或校准人员	姓名	性别	年龄	从事本项目年限	学历	能力证明名称及编号	核准的检定或校准项目

	序号	名　　称	是否具备	备注
文件集登记	1	计量标准考核证书(如果适用)		
	2	社会公用计量标准证书(如果适用)		
	3	计量标准考核(复查)申请书		
	4	计量标准技术报告		
	5	检定或校准结果的重复性试验记录		
	6	计量标准的稳定性考核记录		
	7	计量标准更换申报表(如果适用)		
	8	计量标准封存(或撤销)申报表(如果适用)		
	9	计量标准履历书		
	10	国家计量检定系统表(如果适用)		
	11	计量检定规程或计量技术规范		
	12	计量标准操作程序		
	13	计量标准器及主要配套设备使用说明书(如果适用)		
	14	计量标准器及主要配套设备的检定或校准证书		
	15	检定或校准人员能力证明		
	16	实验室的相关管理制度		
	16.1	实验室岗位管理制度		
	16.2	计量标准使用维护管理制度		
	16.3	量值溯源管理制度		
	16.4	环境条件及设施管理制度		
	16.5	计量检定规程或计量技术规范管理制度		
	16.6	原始记录及证书管理制度		
	16.7	事故报告管理制度		
	16.8	计量标准文件集管理制度		
	17	开展检定或校准工作的原始记录及相应的检定或校准证书副本		
	18	可以证明计量标准具有相应测量能力的其他技术资料(如果适用)		
	18.1	检定或校准结果的不确定度评定报告		
	18.2	计量比对报告		
	18.3	研制或改造计量标准的技术鉴定或验收资料		

<table>
<tr><td rowspan="2">开展的检定或校准项目</td><td>名称</td><td>测量范围</td><td>不确定度或准确度
等级或最大允许误差</td><td>所依据的计量检定规程
或计量技术规范的编号及名称</td></tr>
<tr><td></td><td></td><td></td><td></td></tr>
<tr><td colspan="2">建标单位意见</td><td colspan="3">负责人签字： （公章）
年 月 日</td></tr>
<tr><td colspan="2">建标单位
主管部门意见</td><td colspan="3">（公章）
年 月 日</td></tr>
<tr><td colspan="2">主持考核的
人民政府计量
行政部门意见</td><td colspan="3">（公章）
年 月 日</td></tr>
<tr><td colspan="2">组织考核的
人民政府计量
行政部门意见</td><td colspan="3">（公章）
年 月 日</td></tr>
</table>

附录 B

《计量标准技术报告》格式

计量标准技术报告

计 量 标 准 名 称________________________________

计量标准负责人________________________________

建 标 单 位 名 称________________________________

填　写　日　期________________________________

目 录

一、建立计量标准的目的
二、计量标准的工作原理及其组成

三、计量标准器及主要配套设备							
	名称	型号	测量范围	不确定度或准确度等级或最大允许误差	制造厂及出厂编号	检定周期或复校间隔	检定或校准机构
计量标准器							
主要配套设备							

四、计量标准的主要技术指标

五、环境条件

序号	项目	要　求	实际情况	结论
1	温度			
2	湿度			
3				
4				
5				
6				

六、计量标准的量值溯源和传递框图

七、计量标准的稳定性考核

注：应当提供《计量标准的稳定性考核记录》。

八、检定或校准结果的重复性试验

注：应当提供《检定或校准结果的重复性试验记录》。

九、检定或校准结果的不确定度评定

十、检定或校准结果的验证

十一、结论
十二、附加说明

附录 C

计量标准考核中有关技术问题的说明

C.1　检定或校准结果的重复性

C.1.1　检定或校准结果的重复性是指在重复性测量条件下，用计量标准对常规被检定或被校准对象（以下简称被测对象）重复测量所得示值或测得值间的一致程度。通常用重复性测量条件下所得检定或校准结果的分散性定量地表示，即用单次检定或校准结果 y_i 的实验标准差 $s(y_i)$ 来表示。检定或校准结果的重复性通常是检定或校准结果的不确定度来源之一。

C.1.2　检定或校准结果的重复性试验方法

在重复性测量条件下，用计量标准对被测对象进行 n 次独立重复测量，若得到的测得值为 $y_i(i=1, 2, \cdots, n)$，则其重复性 $s(y_i)$ 按公式（C.1）计算：

$$s(y_i)=\sqrt{\frac{\sum_{i=1}^{n}(y_i-\bar{y})^2}{n-1}} \qquad (C.1)$$

式中：

$\bar{y}$——n 个测得值的算术平均值；

n——重复测量次数，n 应当尽可能大，一般应当不少于 10 次。

如果检定或校准结果的重复性引入的不确定度分量在检定或校准结果的不确定度中不是主要分量，允许适当减少重复测量次数，但至少应当满足 $n \geqslant 6$。

注：术语“测量重复性”是指在重复性测量条件下得到的精密度，它表示测量过程中所有的随机效应对测得值的影响。在进行检定或校准结果的重复性试验时，其条件应当与测量不确定度评定中所规定的条件相同。重复性试验的测量条件通常是重复性测量条件，但在特殊情况下也可能是复现性测量条件或期间精密度测量条件。

C.1.3　被测对象对测得值的分散性有影响，特别是当被测对象是非实物量具的测量仪器时，该影响应当包括在检定或校准结果的重复性之中。在测量不确定度评定中，当检定或校准结果由单次测量得到时，由公式（C.1）计算得到的检定或校准结果的重复性直接就是检定或校准结果的一个不确定度分量。当检定或校准结果由 N 次重复测量的平均值得到时，由检定或校准结果的重复性引入的不确定度分量为 $\frac{s(y_i)}{\sqrt{N}}$。

C.1.4　被检定或被校准仪器的分辨力也会影响检定或校准结果的重复性。在测量不确定度评定中，当检定或校准结果的重复性引入的不确定度分量大于被检定或被校准仪器的分辨力所引入的不确定度分量时，此时重复性中已经包含分辨力对检定或校准结果的影响，故不应当再考虑分辨力所引入的不确定度分量。当检定或校准结果的重复性引入的不确定度分量小于被检定或被校准仪器的分辨力所引入的不确定度分量时，应当用分辨力引入的不确定度分量代替检定或校准结果的重复性分量。若被检定或被校准仪器的分辨力为 δ，则分辨力引入的不确定度分量为 0.289δ。

C.1.5　对于常规的计量检定或校准，当无法满足 $n \geqslant 10$ 时，为了使得到的实验标准差更可靠，如果有可能，可以采用合并样本标准差表示检定或校准结果的重复性，合并样本标准差 s_p 按公式(C.2)计算：

$$s_{\mathrm{p}}=\sqrt{\frac{\sum_{j=1}^{m}\sum_{k=1}^{n}(y_{kj}-\overline{y_j})^2}{m(n-1)}} \tag{C.2}$$

式中：

m——测量的组数；

n——每组包含的测量次数；

y_{kj}——第 j 组中第 k 次的测得值；

$\overline{y_j}$——第 j 组测得值的算术平均值。

C.1.6　对于新建计量标准，检定或校准结果的重复性应当直接作为一个不确定度来源用于检定或校准结果的不确定度评定中。对于已建计量标准，如果测得的重复性不大于新建计量标准时测得的重复性，则重复性符合要求；如果测得的重复性大于新建计量标准时测得的重复性，则应当依据新测得的重复性重新进行检定或校准结果的不确定度的评定，如果评定结果仍满足开展的检定或校准项目的要求，则重复性试验符合要求，并可以将新测得的重复性作为下次重复性试验是否合格的判定依据；如果评定结果不满足开展的检定或校准项目的要求，则重复性试验不符合要求。

C.2　计量标准的稳定性

C.2.1　计量标准的稳定性是指计量标准保持其计量特性随时间恒定的能力。因此计量标准的稳定性与所考虑的时间段长短有关。计量标准的稳定性应当包括计量标准器的稳定性和配套设备的稳定性。如果计量标准可以测量多种参数，应当对每种参数分别进行稳定性考核。

C.2.2　稳定性的考核方法

C.2.2.1　采用核查标准进行考核

C.2.2.1.1　用于日常验证测量仪器或测量系统性能的装置称为核查标准或核查装置。在进行计量标准的稳定性考核时，应当选择量值稳定的被测对象作为核查标准。采用核查标准对计量标准的稳定性进行考核时，其记录格式可以使用附录 F《〈计量标准的稳定性考核记录〉参考格式》。

C.2.2.1.2　对于新建计量标准，每隔一段时间（大于一个月），用该计量标准对核查标准进行一组 n 次的重复测量，取其算术平均值为该组的测得值。共观测 m 组（$m\geqslant4$）。取 m 组测得值中最大值和最小值之差，作为新建计量标准在该时间段内的稳定性。

C.2.2.1.3　对于已建计量标准，每年至少一次用被考核的计量标准对核查标准进行一组 n 次重复测量，取其算术平均值作为测得值。以相邻两年的测得值之差作为该时间段内计量标准的稳定性。

C.2.2.2　采用高等级的计量标准进行考核

C.2.2.2.1　对于新建计量标准，每隔一段时间（大于一个月），用高等级的计量标准对新建计量标准进行一组测量。共测量 m 组（$m\geqslant4$），取 m 组测得值中最大值和最小值之差，作为新建计量标准在该时间段内的稳定性。

C.2.2.2.2　对于已建计量标准，每年至少一次用高等级的计量标准对被考核的计量标准进行测量，以相邻两年的测得值之差作为该时间段内计量标准的稳定性。

C.2.2.3　采用控制图法进行考核

C.2.2.3.1　控制图(又称休哈特控制图)是对测量过程是否处于统计控制状态的一种图形记录。它能判断测量过程中是否存在异常因素并提供有关信息,以便于查明产生异常的原因,并采取措施使测量过程重新处于统计控制状态。

C.2.2.3.2　采用控制图法对计量标准的稳定性进行考核时,用被考核的计量标准对一个量值比较稳定的核查标准作连续的定期观测,并根据定期观测结果计算得到的统计控制量(例如平均值、标准偏差、极差)的变化情况,判断计量标准的量值是否处于统计控制状态。

C.2.2.3.3　控制图的方法仅适合于满足下述条件的计量标准:

a)准确度等级较高且重要的计量标准;

b)存在量值稳定的核查标准,要求其同时具有良好的短期稳定性和长期稳定性;

c)比较容易进行多次重复测量。

C.2.2.3.4　建立控制图的方法和控制图异常的判断准则参见 GB/T 4091—2001 idt ISO 8258:1991《常规控制图》。

C.2.2.4　采用计量检定规程或计量技术规范规定的方法进行考核

当计量检定规程或计量技术规范对计量标准的稳定性考核方法有明确规定时,可以按其规定进行计量标准的稳定性考核。

C.2.2.5　采用计量标准器的稳定性考核结果进行考核

将计量标准器每年溯源的检定或校准数据,制成计量标准器的稳定性考核记录表或曲线图(参见附录 D《计量标准履历书》中的"计量标准器的稳定性考核图表"),作为证明计量标准量值稳定的依据。

C.2.3　在进行计量标准的稳定性考核时,应当优先采用核查标准进行考核;若被考核的计量标准是建标单位的次级计量标准时,也可以选择高等级的计量标准进行考核;若符合 C.2.2.3.3 的条件,也可以选择控制图进行考核;若有关计量检定规程或计量技术规范对计量标准的稳定性考核方法有明确规定时,也可以按其规定进行考核;当上述方法都不适用时,方可采用计量标准器的稳定性考核结果进行考核。

C.3　计量标准考核中与不确定度有关的问题

C.3.1　测量不确定度的评定方法

测量不确定度的评定方法应当依据 JJF 1059.1《测量不确定度评定与表示》。对于某些计量标准,如果需要,也可以采用 JJF 1059.2《用蒙特卡洛法评定测量不确定度》。如果相关国际组织已经制定了该计量标准所涉及领域的测量不确定度评定指南,则测量不确定度评定也可以依据这些指南进行(在这些指南的适用范围内)。

C.3.2　测量不确定度的评定步骤

a)明确被测量,必要时给出被测量的定义及测量过程的简单描述;

b)列出所有影响测量不确定度的影响量(即输入量 x_i),并给出用以评定测量不确定度的测量模型;

c)评定各输入量的标准不确定度 $u(x_i)$,并通过灵敏系数 c_i 进而给出与各输入量对应的不确定度分量 $u_i(y)=|c_i|u(x_i)$;

d)给出合成标准不确定度 $u_c(y)$,合成时应当考虑各输入量之间是否存在值得考虑的相关性，对于非线性测量模型则应当考虑是否存在值得考虑的高阶项；

e)列出不确定度分量的汇总表，表中应当给出每一个不确定度分量的详细信息；

f)对被测量 y 的分布进行估计，并根据估计得到的分布和所要求的包含概率 p 确定包含因子 k_p；除非相关的技术文件有规定，否则包含概率均取 $p=95\%$；

g)在无法确定被测量 y 的分布时，或该测量领域有规定时，也可以直接取包含因子 $k=2$；

h)由合成标准不确定度 $u_c(y)$ 和包含因子 k_p 或 k 的乘积，分别得到扩展不确定度 U_p 或 U；

i)给出测量不确定度的最后陈述，其中应当给出关于扩展不确定度的足够信息。利用这些信息，至少应当使客户能从所给的扩展不确定度重新导出合成标准不确定度。

C.3.3　检定和校准结果的测量不确定度的评定

C.3.3.1　在进行检定和校准结果的测量不确定度的评定时，测量对象应当是常规的被测对象，测量条件应当是在满足计量检定规程或计量技术规范前提下至少应当达到的临界条件。在《计量标准技术报告》的“检定或校准结果的不确定度评定”一栏中，既可以给出测量不确定度评定的详细过程，也可以给出测量不确定度评定的简要过程。在给出测量不确定度评定的简要过程时，还应当单独给出描述测量不确定度评定详细过程的《检定或校准结果的不确定度评定报告》；测量不确定度评定的简要过程应当包括对被测量的简要描述、测量模型、不确定度分量的汇总表（包括各分量的尽可能多的信息）、被测量分布的判定和包含因子的确定、合成标准不确定度的计算以及最终给出的扩展不确定度。

C.3.3.2　如果计量标准可以测量多种被测对象时，应当分别评定不同种类被测对象的测量不确定度。

C.3.3.3　如果计量标准可以测量多种参数时，应当分别评定每种参数的测量不确定度。

C.3.3.4　如果测量范围内不同测量点的不确定度不相同时，原则上应当给出每一个测量点的不确定度，也可以用下列两种方式之一来表示：

a)如果测量不确定度可以表示为被测量 y 的函数，则用计算公式表示测量不确定度。

b)在整个测量范围内，分段给出其测量不确定度（以每一分段中的最大测量不确定度表示）。

C.3.3.5　无论采用何种方式来评定检定和校准结果的测量不确定度，均应当具体给出典型值的测量不确定度评定过程。如果对于不同的测量点，其不确定度来源和测量模型相差甚大，则应当分别给出它们的不确定度评定过程。

C.3.3.6　视包含因子 k 取值方式的不同，最后给出检定和校准结果的测量不确定度应当采用下述两种方式之一表示：

a)扩展不确定度 U_p

当包含因子的数值是由规定的包含概率 p 并根据被测量 y 的分布计算得到时，扩展不确定度应当该用 U_p 表示。当规定的包含概率 p 分别为 95%和 99%时，扩展不确定度分别用 U_{95} 和 U_{99} 表示。包含概率 p 通常取 95%，当采用非 95%的包含概率时应当注明其所依据的技术文件。

在给出扩展不确定度 U_p 的同时，应当注明所取包含因子 k_p 的数值以及被测量的分布类型。若被测量接近于正态分布，还应当给出其有效自由度 ν_{eff}。

b)扩展不确定度 U

当包含因子的数值不是由规定的包含概率 p 并根据被测量 y 的分布计算得到，而是直接取定时，扩展不确定度应当用 U 表示，同时给出所取包含因子 k 的数值。一般均取 $k=2$，这包括下列两种情况：一种是无法判断被测量 y 的分布时；另一种是可以估计被测量 y 接近于正态分布并且其有效自由度足够大时。

在能估计被测量 y 接近于正态分布，并且能确保其有效自由度足够大而直接取 $k=2$ 时，还可以进一步说明："由于估计被测量接近于正态分布，并且其有效自由度足够大，故所给的扩展不确定度 U 所对应的包含概率约为 95%"。

C.4　检定或校准结果的验证

C.4.1　检定或校准结果的验证是指对给出的检定或校准结果的可信程度进行实验验证。由于验证的结论与测量不确定度有关，因此验证的结论在某种程度上同时也说明了所给出的检定或校准结果的不确定度是否合理。

C.4.2　验证方法

C.4.2.1　传递比较法

用被考核的计量标准测量一稳定的被测对象，然后将该被测对象用高等级的计量标准进行测量。若用被考核计量标准和高等级的计量标准进行测量时的扩展不确定度（U_{95} 或 U，$k=2$）分别为 U_{lab} 和 U_{ref}，它们的检定或校准结果分别为 y_{lab} 和 y_{ref}，在两者的包含因子近似相等的前提下应当满足公式（C.3）的要求。

$$|y_{\text{lab}}-y_{\text{ref}}|\leqslant\sqrt{U_{\text{lab}}^2+U_{\text{ref}}^2} \tag{C.3}$$

当 $U_{\text{ref}}\leqslant\dfrac{U_{\text{lab}}}{3}$ 成立时，可以忽略 U_{ref} 的影响，此时公式（C.3）成为公式（C.4）。

$$|y_{\text{lab}}-y_{\text{ref}}|\leqslant U_{\text{lab}} \tag{C.4}$$

C.4.2.2　比对法

当不可能采用传递比较法时，可以采用多个建标单位之间的比对。假定各建标单位的计量标准具有相同准确度等级，此时采用各建标单位所得到的检定或校准结果的平均值作为被测量的最佳估计值。

当各建标单位的测量不确定度不同时，原则上应当采用加权平均值作为被测量的最佳估计值，其权重与测量不确定度有关。但由于各建标单位在评定测量不确定度时所掌握的尺度可能会相差较大，故仍采用算术平均值 $\bar{y}$ 作为参考值。

若被考核建标单位的检定或校准结果为 y_{lab}，其测量不确定度为 U_{lab}，在被考核建标单位检定或校准结果的方差比较接近于各建标单位的平均方差，以及各建标单位的包含因子均相同的条件下，应当满足公式（C.5）的要求。

$$|y_{\text{lab}}-\bar{y}|\leqslant\sqrt{\frac{n-1}{n}}\,U_{\text{lab}} \tag{C.5}$$

C.4.2.3　传递比较法是具有溯源性的，而比对法则并不具有溯源性，因此检定或校准结果的验证原则上应当采用传递比较法，只有在不可能采用传递比较法的情况下方可以采用比对法进行检定或校准结果的验证，并且参加比对的建标单位应当尽可能多。

C.5　现场实验结果的评价

现场实验时，考评员可以选择盲样、核查标准或近期已检定或校准过的计量器具作为测量对象。最佳的测量对象为考评员自带的盲样；在考评员无法自带盲样的情况下，可以选用建标单位的核查标准作为测量对象；若建标单位无合适的核查标准可供使用时，也可以选择建标单位近期已检定或校准过的计量器具作为测量对象。

对于考评员自带盲样的情况，现场检定或校准结果与参考值之差应当不大于两者的扩展不确定度(U_{95}或U,$k=2$)的方和根。若现场检定或校准结果和参考值分别为y和y_0，它们的扩展不确定度分别为U和U_0，则应当满足公式(C.6)的要求。

$$|y-y_0|\leqslant\sqrt{U^2+U_0^2} \tag{C.6}$$

若使用建标单位的核查标准作为测量对象，则建标单位应当在现场实验前提供该核查标准的参考值及其不确定度。若采用近期已检定或校准过的计量器具作为测量对象，建标单位也应当在现场实验前提供该计量器具的检定或校准结果及其不确定度。在此两种情况下，由于检定或校准结果和参考值都是采用同一套计量标准进行测量，因此在扩展不确定度中应当扣除由系统效应引起的测量不确定度分量。若现场检定或校准结果和参考值分别为y和y_0，它们的扩展不确定度均为U，扣除系统效应引入的不确定度分量后的扩展不确定度为U'，则应当满足公式(C.7)的要求。

$$|y-y_0|\leqslant\sqrt{2}\,U' \tag{C.7}$$

C.6 计量标准的量值溯源和传递框图

根据与所建计量标准相应的国家计量检定系统表、计量检定规程或计量技术规范，画出该计量标准溯源到上一级计量器具和传递到下一级计量器具的量值溯源和传递框图。计量标准的量值溯源和传递框图格式见图C.1。

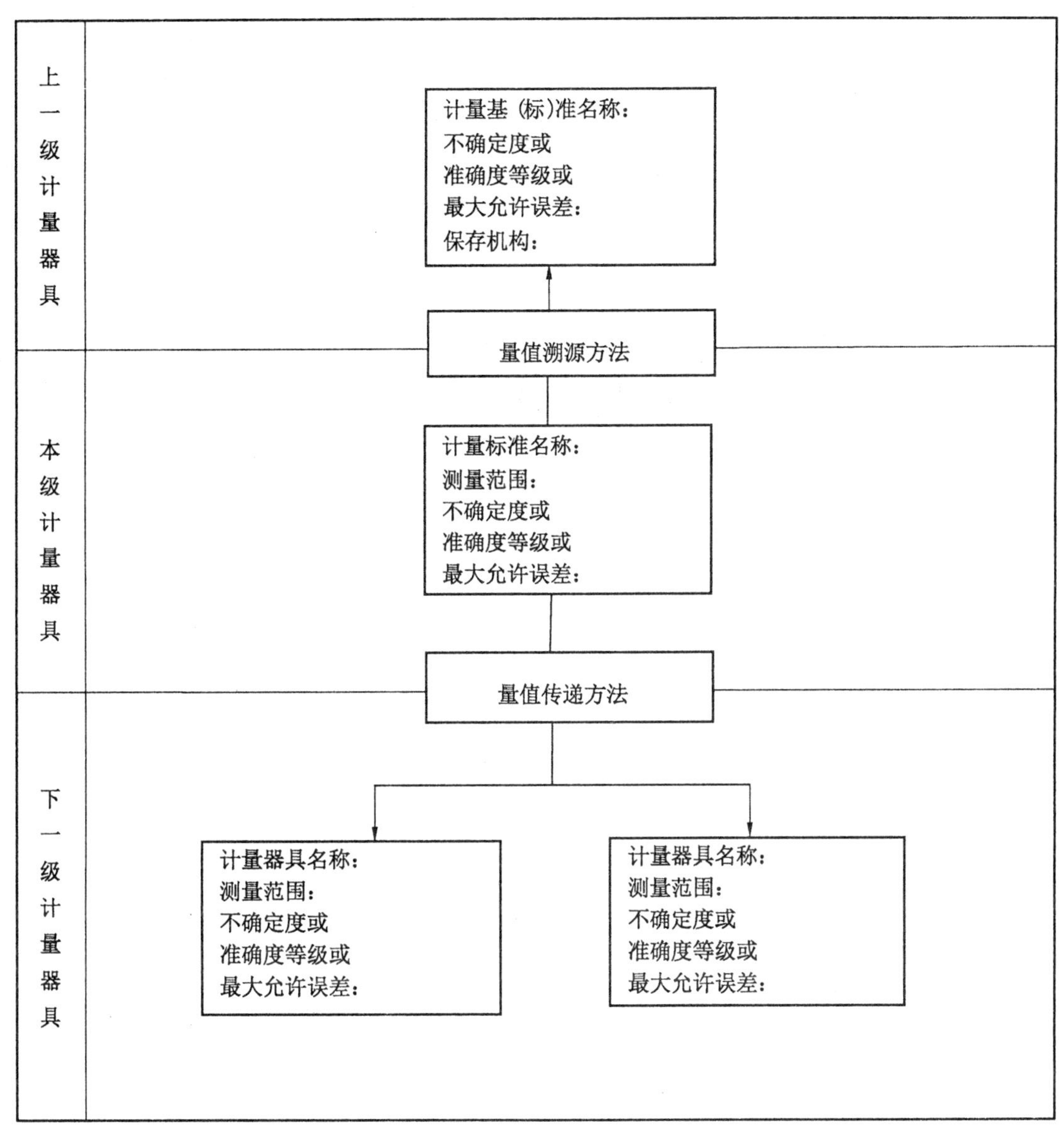

图 C.1 计量标准的量值溯源和传递框图

附录 D

《计量标准履历书》参考格式

计量标准履历书

计 量 标 准 名 称________________________________

计 量 标 准 代 码________________________________

计量标准考核证书号________________________________

建立日期　　　　年　　月　　日

目　录

一、计量标准基本情况记载

<table>
<tr><td>计量标准名称</td><td colspan="3"></td></tr>
<tr><td>测量范围</td><td colspan="3"></td></tr>
<tr><td>不确定度
或准确度等级
或最大允许误差</td><td colspan="3"></td></tr>
<tr><td>保存地点</td><td></td><td>原值(万元)</td><td></td></tr>
<tr><td>启用日期</td><td colspan="3"></td></tr>
<tr><td colspan="4">建立计量标准情况记录：</td></tr>
<tr><td colspan="4">验收情况：

验收人：
年　　月　　日</td></tr>
</table>

二、计量标准器、配套设备及设施登记

	名称	型号	测量范围	不确定度 或准确度等级 或最大允许误差	制造厂及 出厂编号	原值 （元）	备注
计量标准器							
配套设备							
设施							

三、计量标准考核(复查)记录

计量标准名　　称						
申请考核日期	考评单位	考评方式	考评员姓名	考核结论	计量标准考核证书有效期	备注

四、计量标准器的稳定性考核图表

计量标准器的稳定性考核记录表

计量标准器名称及编号	名义值	允许变化量	溯源的检定/校准数据							
			年 月	年 月	变化量	结论	年 月	年 月	变化量	结论

计量标准器的稳定性曲线图

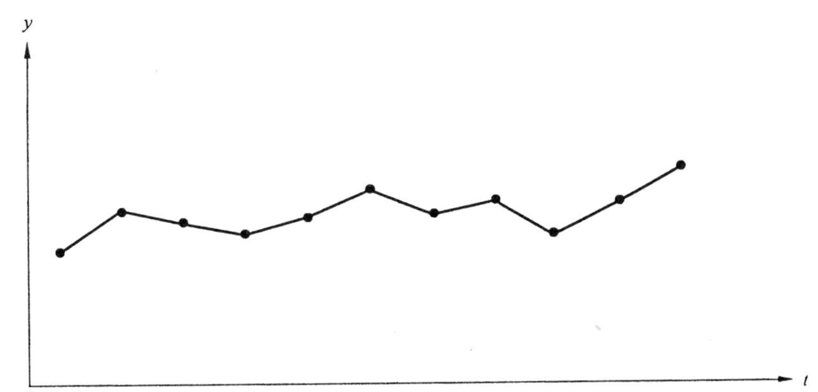

注：每一个参数画一张稳定性曲线图。

五、计量标准器及主要配套设备量值溯源记录

名称	出厂编号	检定或校准日期	检定周期或校准间隔	检定或校准机构名称	结论	检定或校准证书号	备注

注：该记录可单独使用，也可反映在电子文件或其他记录中。

六、计量标准器及配套设备修理记录

名称	出厂编号	修理日期	修理原因	修理情况	修理结论	经手人签字

七、计量标准器及配套设备更换登记

更换前计量器具名称、型号及出厂编号	更换后计量器具名称、型号及出厂编号	更换原因	更换日期	经手人签字	批准部门或批准人及日期

八、计量检定规程或计量技术规范(更换)登记

现行的计量检定规程或计量技术规范编号及名称	原计量检定规程或计量技术规范编号及名称	更换日期	变化的主要内容	是否实质性变化
				□是 □否
				□是 □否
				□是 □否
				□是 □否
				□是 □否
				□是 □否
				□是 □否
				□是 □否
				□是 □否
				□是 □否
				□是 □否
				□是 □否
				□是 □否
				□是 □否
				□是 □否
				□是 □否
				□是 □否
				□是 □否
				□是 □否
				□是 □否
				□是 □否
				□是 □否

九、检定或校准人员(更换)登记

姓名	性别	年龄	学历	能力证明 名称及编号	核准的检定 或校准项目	上岗 日期	离岗 日期

十、计量标准负责人(更换)登记

负责人姓名	接收日期	交 接 记 事	交接人签字及日期

十一、计量标准使用记录

使用日期	使用前情况	使用后情况	使用人签名	备　注

注：

1　该记录可以单独使用，也可以反映在其他记录中。

2　当计量标准使用频繁时，可以每隔一段合理的时间间隔记录一次。

附录 E

《检定或校准结果的重复性试验记录》参考格式

________________的检定或校准结果的重复性试验记录

<table>
<tr><td>试验时间</td><td colspan="3">年　　月　　日</td><td colspan="3">年　　月　　日</td></tr>
<tr><td rowspan="2">被测对象</td><td>名称</td><td>型号</td><td>编号</td><td>名称</td><td>型号</td><td>编号</td></tr>
<tr><td></td><td></td><td></td><td></td><td></td><td></td></tr>
<tr><td>测量条件</td><td colspan="3"></td><td colspan="3"></td></tr>
<tr><td>测量次数</td><td colspan="3">测得值(　　)</td><td colspan="3">测得值(　　)</td></tr>
<tr><td>1</td><td colspan="3"></td><td colspan="3"></td></tr>
<tr><td>2</td><td colspan="3"></td><td colspan="3"></td></tr>
<tr><td>3</td><td colspan="3"></td><td colspan="3"></td></tr>
<tr><td>4</td><td colspan="3"></td><td colspan="3"></td></tr>
<tr><td>5</td><td colspan="3"></td><td colspan="3"></td></tr>
<tr><td>6</td><td colspan="3"></td><td colspan="3"></td></tr>
<tr><td>7</td><td colspan="3"></td><td colspan="3"></td></tr>
<tr><td>8</td><td colspan="3"></td><td colspan="3"></td></tr>
<tr><td>9</td><td colspan="3"></td><td colspan="3"></td></tr>
<tr><td>10</td><td colspan="3"></td><td colspan="3"></td></tr>
<tr><td>$\bar{y}$</td><td colspan="3"></td><td colspan="3"></td></tr>
<tr><td>$s(y_i)=\sqrt{\frac{\sum_{i=1}^{n}(y_i-\bar{y})^2}{n-1}}$</td><td colspan="3"></td><td colspan="3"></td></tr>
<tr><td>结　论</td><td colspan="3"></td><td colspan="3"></td></tr>
<tr><td>试验人员</td><td colspan="3"></td><td colspan="3"></td></tr>
</table>

附录 F

《计量标准的稳定性考核记录》参考格式

____________________的稳定性考核记录

<table>
<tr><td>考核时间</td><td>年 月 日</td><td>年 月 日</td><td>年 月 日</td><td>年 月 日</td></tr>
<tr><td>核查标准</td><td colspan="4">名称：　　　　型号：　　　　编号：</td></tr>
<tr><td>测量条件</td><td></td><td></td><td></td><td></td></tr>
<tr><td>测量次数</td><td>测得值（　）</td><td>测得值（　）</td><td>测得值（　）</td><td>测得值（　）</td></tr>
<tr><td>1</td><td></td><td></td><td></td><td></td></tr>
<tr><td>2</td><td></td><td></td><td></td><td></td></tr>
<tr><td>3</td><td></td><td></td><td></td><td></td></tr>
<tr><td>4</td><td></td><td></td><td></td><td></td></tr>
<tr><td>5</td><td></td><td></td><td></td><td></td></tr>
<tr><td>6</td><td></td><td></td><td></td><td></td></tr>
<tr><td>7</td><td></td><td></td><td></td><td></td></tr>
<tr><td>8</td><td></td><td></td><td></td><td></td></tr>
<tr><td>9</td><td></td><td></td><td></td><td></td></tr>
<tr><td>10</td><td></td><td></td><td></td><td></td></tr>
<tr><td>$\overline{y}_i$</td><td></td><td></td><td></td><td></td></tr>
<tr><td>变化量 $|\overline{y}_i-\overline{y}_{i-1}|$</td><td></td><td></td><td></td><td></td></tr>
<tr><td>允许变化量</td><td></td><td></td><td></td><td></td></tr>
<tr><td>结　论</td><td></td><td></td><td></td><td></td></tr>
<tr><td>考核人员</td><td></td><td></td><td></td><td></td></tr>
</table>

附录G

《计量标准更换申报表》格式

计量标准更换申报表

<table>
<tr><td colspan="2">计量标准名称</td><td colspan="3"></td><td>代码</td><td></td></tr>
<tr><td colspan="2">测量范围</td><td colspan="5"></td></tr>
<tr><td colspan="2">不确定度或准确度
等级或最大允许误差</td><td colspan="5"></td></tr>
<tr><td colspan="2">计量标准
考核证书号</td><td colspan="3"></td><td>计量标准
考核证书有效期</td><td></td></tr>
<tr><td colspan="7">计量标准器及主要配套设备更换登记</td></tr>
<tr><td rowspan="4">更
换
前</td><td>名称</td><td>型号</td><td>测量范围</td><td>不确定度或准确度
等级或最大允许误差</td><td>制造厂及
出厂编号</td><td>检定或校准机
构及证书号</td></tr>
<tr><td></td><td></td><td></td><td></td><td></td><td></td></tr>
<tr><td></td><td></td><td></td><td></td><td></td><td></td></tr>
<tr><td></td><td></td><td></td><td></td><td></td><td></td></tr>
<tr><td rowspan="3">更
换
后</td><td></td><td></td><td></td><td></td><td></td><td></td></tr>
<tr><td></td><td></td><td></td><td></td><td></td><td></td></tr>
<tr><td></td><td></td><td></td><td></td><td></td><td></td></tr>
<tr><td colspan="7">更换的情况：
□计量标准器更新　□计量标准器增加　□计量标准器减少
□主要配套计量设备更新　□主要配套计量设备增加　□主要配套计量设备减少
□其他</td></tr>
<tr><td colspan="7">更换的原因：
□计量检定规程或计量技术规范变更　□原计量标准器或主要配套设备出现问题
□ 工作量发生变化　□其他</td></tr>
<tr><td colspan="7">更换后测量范围、不确定度或准确度等级或最大允许误差以及开展检定或校准项目的变化情况：
□发生变化　□未发生变化</td></tr>
<tr><td colspan="7">建标单位意见：
负责人签字：　（公章）
年　月　日</td></tr>
<tr><td colspan="7">主持考核的人民政府计量行政部门意见：
（公章）
年　月　日</td></tr>
</table>

注：

1 计量标准发生更换时，建标单位应当填写《计量标准更换申报表》一式两份报主持考核的人民政府计量行政部门，并应当附上更换后计量标准器及主要配套设备有效的检定或校准证书和《计量标准考核证书》复印件各一份。

2 《计量标准更换申报表》采用计算机打印。

附录 H

《计量标准封存（或撤销）申报表》格式

计量标准封存（或撤销）申报表

<table>
<tr><td>计量标准名称</td><td></td><td>代码</td><td></td></tr>
<tr><td>测量范围</td><td colspan="3"></td></tr>
<tr><td>不确定度或准确度
等级或最大允许误差</td><td colspan="3"></td></tr>
<tr><td>计量标准
考核证书号</td><td></td><td>计量标准考核
证书有效期</td><td></td></tr>
<tr><td>申请类型</td><td colspan="3">□封存　　　　□撤销</td></tr>
<tr><td>封存或撤销原因</td><td colspan="3">□技术改造　　　　□计量标准器或主要配套设备出现问题
□搬迁　　　　□无量传工作　　　　□其他
需要说明的其他情况：</td></tr>
<tr><td>申请停用时间</td><td colspan="3">年　月　日——　　年　月　日</td></tr>
<tr><td>建标单位意见</td><td colspan="3">负责人签字：　　　（公章）
年　月　日</td></tr>
<tr><td>建标单位
主管部门意见</td><td colspan="3">（公章）
年　月　日</td></tr>
<tr><td>主持考核的人民政府
计量行政部门意见</td><td colspan="3">（公章）
年　月　日</td></tr>
</table>

注：

1　计量标准需要封存或撤销时，建标单位应当填写《计量标准封存（或撤销）申报表》一式两份报主持考核的人民政府计量行政部门。

2　《计量标准封存（或撤销）申报表》采用计算机打印。

附录 J

《计量标准考核报告》格式

计量标准考核报告

[　　]　量标　　证字第　　　号

考核计划编号________________________________

计量标准名称________________________________

计量标准代码________________________________

建标单位名称________________________________

考评单位名称________________________________

考　核　类　型______□ 新建　　　　　□ 复查______

考　评　方　式______□ 书面审查　　　□　现场考评______

考 评 日 期____________年_____月_____ 日

<table>
<tr><td colspan="2">计量标准
名　　称</td><td colspan="3"></td><td colspan="2">计量标准
考核证书号</td><td colspan="2"></td></tr>
<tr><td colspan="2">保存地点</td><td colspan="3"></td><td colspan="2">计量标准
原值(万元)</td><td colspan="2"></td></tr>
<tr><td colspan="2">计量标准
类　　别</td><td colspan="3">□　社会公用
□　计量授权</td><td colspan="2">□　部门最高
□　计量授权</td><td colspan="2">□　企事业最高
□　计量授权</td></tr>
<tr><td colspan="2">测量范围</td><td colspan="7"></td></tr>
<tr><td colspan="2">不确定度
或准确度等级
或最大允许误差</td><td colspan="7"></td></tr>
<tr><td rowspan="2">计
量
标
准
器</td><td>名称</td><td>型号</td><td>测量范围</td><td>不确定度
或准确度等级
或最大允许误差</td><td>制造厂及
出厂编号</td><td>检定周
期或复
校间隔</td><td>末次检
定或校
准日期</td><td>检定或校
准机构及
证书号</td></tr>
<tr><td></td><td></td><td></td><td></td><td></td><td></td><td></td><td></td></tr>
<tr><td>主
要
配
套
设
备</td><td></td><td></td><td></td><td></td><td></td><td></td><td></td><td></td></tr>
</table>

计量标准考评表

序号	考评内容及考核要点			考评结果				考评记事
				符合	有缺陷	不符合	不适合	
1	4.1　计量标准器及配套设备		*△4.1.1　计量标准器及配套设备配置科学合理、完整齐全，并满足开展检定或校准工作的需要					
2			*△4.1.2　计量标准器及主要配套设备的计量特性符合相应计量检定规程或计量技术规范的规定，并满足开展检定或校准工作的需要					
3			*△4.1.3　计量标准的溯源性符合要求，计量标准器及主要配套设备均有连续、有效的检定或校准证书					
4	4.2　计量标准的主要计量特性		△4.2.1　测量范围表述正确					
5			△4.2.2　不确定度或准确度等级或最大允许误差表述正确					
6			*△○4.2.3　计量标准的稳定性合格					
7			△4.2.4　计量标准的其他计量特性符合要求					
8	4.3　环境条件及设施		*4.3.1　温度、湿度、照明、供电等环境条件符合要求					
9			4.3.2　设施的配置符合要求；互不相容的区域进行了有效隔离					
10			4.3.3　环境条件进行了有效的监控					
11	4.4　人员		4.4.1　有能够履行职责的计量标准负责人					
12			*△4.4.2　配备了两名以上具有相应能力的检定或校准人员					
13	4.5 文件集	4.5.1 文件集的管理	4.5.1　文件集的管理符合要求					
14		4.5.2 计量检定规程或计量技术规范	*4.5.2　有有效的计量检定规程或计量技术规范					
15		4.5.3 计量标准技术报告	△4.5.3.1　计量标准技术报告更新及时，有关内容填写齐全、表述清晰					
16			△4.5.3.2　计量标准器及主要配套设备信息填写正确					

续表

序号	考核规范条款号及评审内容			考评结果				考评记事
				符合	有缺陷	不符合	不适合	
17	4.5 文件集	4.5.3 计量标准技术报告	△4.5.3.3　计量标准的主要技术指标及环境条件填写正确					
18			△4.5.3.4　计量标准的量值溯源和传递框图正确					
19			△○4.5.3.5　检定或校准结果的重复性试验符合要求					
20			*△○4.5.3.6　检定或校准结果的不确定度评定的步骤、方法正确，评定结果合理					
21			△○4.5.3.7　检定或校准结果的验证方法正确，验证结果符合要求					
22		4.5.4 检定或校准原始记录	△4.5.4.1　原始记录格式规范、信息齐全，填写、更改、签名及保存等符合要求					
23			△4.5.4.2　原始记录数据真实、完整，数据处理正确					
24		4.5.5 检定或校准证书	△4.5.5.1　证书的格式、签名、印章及副本保存等符合要求					
25			△4.5.5.2　检定或校准证书结果正确，内容符合要求					
26		4.5.6 管理制度	4.5.6　制定并执行相关管理制度					
27	4.6 计量标准测量能力的确认	4.6.1 技术资料审查	△4.6.1　通过对技术资料审查确认计量标准具有相应测量能力					证明文件：
28		4.6.2 现场实验	*4.6.2.1　检定或校准方法、操作程序、操作过程等符合计量检定规程或计量技术规范的要求					
29			*4.6.2.2　检定或校准结果正确					
30			4.6.2.3　回答问题正确					回答情况：
			提问摘要：					

注：考评内容共六方面30项，各项目的考评结果请在相应栏目内打“√”。带*的项目为重点考评项目，有10项；带△的项目为书面审查项目，有20项；带○的项目为可以简化考评项目，有4项。

<table>
<tr><td rowspan="2">开展的检定或校准项目</td><td>名称</td><td>测量范围</td><td>不确定度或准确度等级或最大允许误差</td><td>所依据的计量检定规程或计量技术规范的编号及名称</td></tr>
<tr><td></td><td></td><td></td><td></td></tr>
<tr><td colspan="5">考评结论及意见：

□合格　　□需要整改　　□不合格　　□其他

（如果有整改要求，见“计量标准整改工作单”）

计量标准考评员签字：
年　月　日</td></tr>
</table>

考评员姓名	工作单位名称	考评员证号	核准考评项目	联系电话

计量标准整改工作单

<table>
<tr><td colspan="2">计量标准名称</td><td></td><td>考核计划编号</td><td colspan="2"></td></tr>
<tr><td colspan="2">建标单位名称</td><td></td><td>考评时间</td><td colspan="2">年 月 日</td></tr>
<tr><td>序号</td><td>对应的考核
规范条款号</td><td colspan="2">整 改 内 容</td><td>重点项</td><td>非重
点项</td></tr>
<tr><td></td><td></td><td colspan="2"></td><td></td><td></td></tr>
<tr><td colspan="2">整 改 期 限</td><td colspan="4">整改期限 15 个工作日，建标单位应当在 年 月 日前完成整改工作，并将整改资料报考评员确认。过期未能提交整改资料的，视为自动放弃，即按考评不合格处理</td></tr>
<tr><td colspan="2">考评员签字</td><td></td><td>考评员联系电话</td><td colspan="2"></td></tr>
<tr><td colspan="2">计量标准负责人签字</td><td></td><td>计量标准负责人联系电话</td><td colspan="2"></td></tr>
<tr><td colspan="2">整改结果</td><td colspan="4">建标单位（公章）
年 月 日</td></tr>
<tr><td colspan="2">考评员确认签字</td><td colspan="4">年 月 日</td></tr>
</table>

注：考评员填写“计量标准整改工作单”后，建标单位计量标准负责人签收；建标单位完成整改，填写整改结果后，再由考评员确认后签字。

<table>
<tr><td>整改的验收及考评结论：

□合格　　　　　　　　□不合格

需要说明的内容：

计量标准考评员签字：
年　　月　　日</td></tr>
<tr><td>考评单位或考评组意见：

负责人(签字/公章)：
年　　月　　日</td></tr>
<tr><td>组织考核的人民政府计量行政部门意见：

负责人(签字/公章)：
年　　月　　日</td></tr>
</table>

附录 K

《计量标准考核证书》格式

计 量 标 准 考 核 证 书

Certificate for Examination of Measurement Standard

〔　　〕　量标　　　证字 第　　　　号

根据《中华人民共和国计量法》,按照《计量标准考核规范》的要求,考核合格,特发此证。

This is to certify that the measurement standard conforms with the requirements of the "Rule for the Examination of Measurement Standards" according to "the Law on Metrology of the People's Republic of China".

建标单位名称
Possessor of the Measurement Standard

计量标准名称　　　　　　　　　　代码
Name of Measurement Standard　　　　Code

测量范围
Measuring Range

不确定度或准确度等级
或最大允许误差
Uncertainty/Accuracy Class /
Maximum Permissible Error

保存地点
Installed in

发证机关(印章)
The Issuing Authority

发证日期　　　　年　　月　　日
Date Issued

有效期至　　　　年　　月　　日
Date of Expiry

〔　　　〕量标　　证字第　　号

计量标准器 Measurement Standard	名　称 Name	型　号 Model/Type	测量范围 Measuring Range	不确定度或准确度等级或最大允许误差 Uncertainty or Accuracy Class or Maximum Permissible Error	制造厂及出厂编号 Manufacturer and Series Number
主要配套设备 Main Auxiliary Equipment					

开展的检定或校准项目 Verification or Calibration Items	名　称 Name	测量范围 Measuring Range	不确定度或准确度等级或最大允许误差 Uncertainty or Accuracy Class or Maximum Permissible Error	依据的计量检定规程或计量技术规范的编号及名称 Verification Regulation or MeasurmentTechnical Specification and Its Code

附录 L

《计量标准考评工作评价及意见表》格式

计量标准考评工作评价及意见表

____________：

__________年____月____日至______________年____月____日，计量标准考评员________________________对我单位建立的____________________________(计量标准考核计划编号为________________)进行了考评。

我们对考评员的评价及意见如下：

1. 对考评员给出的考评结论	□满意	□较满意	□不满意	
2. 对考评员的考评工作	□满意	□较满意	□不满意	
3. 考评员执行《计量标准考核规范》	□好	□较好	□有偏差	
4. 考评员对检定或校准方法	□熟悉	□较熟悉	□不熟悉	
5. 考评员的专业技术能力	□高	□较高	□一般	□差
6. 考评员的工作作风和态度	□好	□较好	□一般	□差
7. 对考评工作的意见和建议： 建标单位(公章) 年　　月　　日				

附录 M

《计量标准环境条件及设施发生重大变化自查表》格式

M1 计量标准环境条件及设施发生重大变化自查一览表

建标单位名称(公章)____

序号	计量标准名称	计量标准考核证书号	有效期	变化类型	对计量标准主要计量特性有无重大影响	备注
				□搬迁 □设施改造 □实验室改造 □其他	□有 □无	
				□搬迁 □设施改造 □实验室改造 □其他	□有 □无	
				□搬迁 □设施改造 □实验室改造 □其他	□有 □无	
				□搬迁 □设施改造 □实验室改造 □其他	□有 □无	
				□搬迁 □设施改造 □实验室改造 □其他	□有 □无	
				□搬迁 □设施改造 □实验室改造 □其他	□有 □无	
				□搬迁 □设施改造 □实验室改造 □其他	□有 □无	
				□搬迁 □设施改造 □实验室改造 □其他	□有 □无	

M2 计量标准环境条件及设施发生重大变化自查记录表

建标单位名称____

<table>
<tr><td>计量标准名称</td><td colspan="7"></td></tr>
<tr><td>变化的基本情况</td><td colspan="7"></td></tr>
<tr><td>自查的主要项目</td><td colspan="7">自　查　情　况</td></tr>
<tr><td>1. 计量标准的稳定性考核</td><td colspan="7"></td></tr>
<tr><td>2. 检定或校准结果的重复性试验</td><td colspan="7"></td></tr>
<tr><td rowspan="5">3. 计量标准器及主要配套设备的溯源</td><td>名称</td><td>型号</td><td>测量范围</td><td>不确定度或准确度等级或最大允许误差</td><td>制造厂及出厂编号</td><td>检定或校准日期</td><td>检定或校准机构及证书号</td></tr>
<tr><td></td><td></td><td></td><td></td><td></td><td></td><td></td></tr>
<tr><td></td><td></td><td></td><td></td><td></td><td></td><td></td></tr>
<tr><td></td><td></td><td></td><td></td><td></td><td></td><td></td></tr>
<tr><td></td><td></td><td></td><td></td><td></td><td></td><td></td></tr>
<tr><td>自查结论</td><td colspan="7">对计量标准主要计量特性有无重大影响
□有
□无</td></tr>
<tr><td colspan="8">计量标准负责人签字：　　　　　　　　年　　月　　日</td></tr>
</table>

附录 N

简化考核的计量标准项目目录

序号	计量标准名称	开展的检定项目（限制条件）			
		名称	测量范围	不确定度或准确度等级或最大允许误差	依据的计量检定规程编号及名称
1	卡尺量具检定装置（原名称为：检定游标量具标准器组）	通用卡尺 高度卡尺 焊接检验尺	（0～500）mm	/	JJG 30　通用卡尺检定规程 JJG 31　高度卡尺检定规程 JJG 704　焊接检验尺检定规程
2	测微量具检定装置（原名称为：检定测微量具标准器组）	千分尺 内径千分尺 深度千分尺 螺纹千分尺 杠杆千分尺 杠杆卡规 带表千分尺	（0～300）mm	/	JJG 21　千分尺检定规程 JJG 22　内径千分尺检定规程 JJG 24　深度千分尺检定规程 JJG 25　螺纹千分尺检定规程 JJG 26　杠杆千分尺、杠杆卡规检定规程 JJG 427　带表千分尺检定规程
3	指示表检定仪标准装置（原名称为：检定指示量具标准器组）	百分表 千分表	（0～50）mm	/	JJG 34　指示表（指针式、数显式）检定规程
4	非自动衡器检定装置	杆秤	（0～200）kg	(IIII)	JJG 17　杆秤检定规程
		模拟指示秤	（0～30）t	(III)、(IIII)	JJG 13　模拟指示秤检定规程
		非自行指示秤	（0～30）t	(III)、(IIII)	JJG 14　非自行指示秤检定规程
		数字指示秤	（0～150）t	(III)、(IIII)	JJG 539　数字指示秤检定规程
		非自动秤	（0～150）t	(III)、(IIII)	JJG 555　非自动秤通用检定规程

续表

序号	计量标准名称	开展的检定项目(限制条件)			
		名称	测量范围	不确定度或准确度等级或最大允许误差	依据的计量检定规程编号及名称
5	液态物料定量灌装机检定装置	液态物料定量灌装机	(0～50)kg (0～50)L	/	JJG 687 液态物料定量灌装机检定规程
6	常用玻璃量器检定装置	常用玻璃量器	(0.1～2 000)mL	/	JJG 196 常用玻璃量器检定规程
7	燃油加油机检定装置(原名称为:加油机容量检定装置)	燃油加油机	(0～100)L/min	/	JJG 443 燃油加油机检定规程
8	售油器检定装置	售油器	10 g～3 kg	/	JJG 615 售油器检定规程
9	血压计(表)检定装置	血压计和血压表	(0～40)kPa	/	JJG 270 血压计和血压表检定规程
10	可燃气体检测报警器检定装置	可燃气体检测报警器	(0～100%)LEL	/	JJG 693 可燃气体检测报警器检定规程
11	三等金属线纹尺标准装置	钢直尺	(0～2)m	MPE:±(0.10～0.35)mm	JJG 1 钢直尺检定规程
12	钢卷尺标准装置	钢卷尺	(0～100)m	Ⅰ、Ⅱ级	JJG 4 钢卷尺检定规程
13	2 级角度块标准装置	万能角度尺	0°～360°	MPE:±2′,±5′	JJG 33 万能角度尺检定规程
14	0.05 级活塞式压力计标准装置	精密压力表	(−0.1～250)MPa	(0.16～0.6)级	JJG 49 弹性元件式精密压力表和真空表检定规程
		一般压力表	(−0.1～250)MPa	(1～4)级	JJG 52 弹性元件式一般压力表、压力真空表和真空表检定规程
15	精密压力表标准装置	一般压力表	(−0.1～250)MPa	(1.6～4)级	JJG 52 弹性元件式一般压力表、压力真空表和真空表检定规程

续表

序号	计量标准名称	开展的检定项目(限制条件)			
		名称	测量范围	不确定度或准确度等级或最大允许误差	依据的计量检定规程编号及名称
16	天平检定装置	机械天平	1 mg～20 kg	$\textcircled{\text{I}}_3$ 及以下	JJG 98　机械天平检定规程
		电子天平	1 mg～20 kg	$\textcircled{\text{I}}$ 及以下	JJG 1036　电子天平检定规程
		架盘天平	0.1 g～20 kg	$\textcircled{\text{III}}$	JJG 156　架盘天平检定规程
		扭力天平	1 mg～2.5 g	$\textcircled{\text{II}}$	JJG 46　扭力天平检定规程
17	F_2 等级砝码组标准装置	砝码	100 mg～20 kg	M_1 等级及以下	JJG 99　砝码检定规程
18	0.3 级测力仪标准装置	抗折试验机	(0.5～6)kN	1 级	JJG 476　抗折试验机检定规程
		拉力、压力和万能试验机	0.1 N～2 MN	1 级、2 级	JJG 139　拉力、压力和万能试验机检定规程
		电子式万能试验机	0.1 N～2 MN	1 级、2 级	JJG 475　电子式万能试验机检定规程
19	扭矩扳子检定装置	扭矩扳子	(0～2 000)Nm	(1～10)级	JJG 707　扭矩扳子检定规程
20	布氏硬度计检定装置	金属布氏硬度计	(75～400)HBW	工作级	JJG 150　金属布氏硬度计检定规程 JJG 870　携带式布氏硬度计检定规程
21	洛氏硬度计检定装置	金属洛氏硬度计	(20～100)HR	工作级	JJG 112　金属洛氏硬度计检定规程
22	维氏硬度计检定装置	金属维氏硬度计	(150～800)HV	工作级	JJG 151　金属维氏硬度计检定规程
23	交直流电压、电流、功率表检定装置	电压表 电流表 功率表	(0～1 000)V (0～20)A (0～20)kW	1 级及以下	JJG 124　电流表、电压表、功率表及电阻表检定规程

续表

序号	计量标准名称	开展的检定项目(限制条件)			
		名称	测量范围	不确定度或准确度等级或最大允许误差	依据的计量检定规程编号及名称
24	紫外可见分光光度计检定装置	可见分光光度计紫外可见分光光度计	波长:(190～900)nm 透射比:0～100%	(Ⅰ、Ⅱ、Ⅲ、Ⅳ)级	JJG 178　紫外、可见、近红外分光光度计检定规程
25	pH(酸度计)检定装置(原名称为:酸度计检定装置)	酸度计	pH:0～14	0.01 级及以下	JJG 119　实验室 pH(酸度)计检定规程

注:

1　本简化考核的计量标准项目目录是根据国家质量监督检验检疫总局文件国质检量〔2008〕633 号《关于简化考核计量标准项目(第一批)的通知》(2008 年 9 月 9 日发布)和国质检量〔2013〕600 号《关于公布简化考核计量标准项目(第二批)的通知》(2013 年 10 月 14 日发布)的规定编写的,其中 1～10 对应第一批简化考核项目,11～25 对应第二批简化考核项目,并将第一批简化考核项目中的“衡器检定装置”与第二批简化考核项目中“非自动衡器检定装置”合并为“非自动衡器检定装置”。

2　序号 1～3,5～10“不确定度或准确度等级或最大允许误差”列中的“/”表示未对开展检定项目的不确定度或准确度等级或最大允许误差提出具体要求,但应当按照相应的计量检定规程、计量标准器和主要配套设备的配置等情况给出合理的不确定度或准确度等级或最大允许误差。

维尔利环保科技集团股份有限公司

维尔利环保集团（维尔利环保科技集团股份有限公司），成立于2003年，2011年登陆深交所正式挂牌上市。集团现有员工2000余人，是一家具有核心技术和持续创新能力的节能环保企业。目前集团旗下拥有60多家国内外分子公司，业务涵盖市政、农业农村及工业三大领域，已取得授权专利300余项，在餐厨及厨余垃圾、垃圾渗滤液、沼气及生物天然气、VOC油气回收等细分市场领域拥有核心技术。

集团先后通过高新技术企业认定、ISO 9001质量管理体系认证、ISO 14001环境管理体系认证，拥有环保工程专业承包壹级、工程设计乙级资质。目前在国内外已建成和在建项目多达数百项，包括亚洲知名的垃圾渗滤液处置项目以及国内通过国家试点城市验收的餐厨项目等多项行业示范项目。

有机废弃物资源化专家

长沙市城市固体废弃物处理场垃圾渗滤液处理集群工程

废水类型：填埋场渗滤液、焚烧厂渗滤液

处理规模：1800m³/d焚烧厂渗滤液+2700m³/d填埋场渗滤液+700m³/d生活污水+1200m³/d低浓度无机废水

采用工艺：(厌氧UASB)+外置式MBR+纳滤NF+反渗透RO

出水标准：填埋场垃圾渗滤液：GB 16889-2008《生活垃圾填埋场污染控制标准》中表2排放标准

焚烧厂污水系统：GB/T 19923-2005《城市污水再生利用 工业用水水质》规定的敞开式循环水系统补充水水质标准

长春市生活垃圾处理中心渗滤液处理项目

废水类型：填埋场渗滤液

处理规模：3000m³/d

采用工艺：“MBR+NF+RO”及“浓缩液干化处理系统”全量化处理

出水标准：GB 16889-2008《生活垃圾填埋场污染控制标准》表2排放标准

三亚市垃圾渗滤液处理站增容项目

废水类型：焚烧厂渗滤液、填埋场渗滤液、餐厨沼液、中转站废水

处理规模：近期处理规模700m³/d

采用工艺：预处理+UBF厌氧+外置式MBR(膜生物反应器)+NF(纳滤)/RO(反渗透)

出水标准：GB 16889-2008《生活垃圾填埋场污染控制标准》中表2排放标准